大山 達雄

近代日本の技術の礎を築いた人々

現代高等教育への示唆

文芸社

まえがき

　250年余も続いた江戸徳川幕府の時代が終わりを告げ、明治維新となる19世紀後半の時期はわが国の混乱期であった。わが国にとっては一種の革命の時期と言えるかもしれない。つまり江戸時代の封建社会が崩壊し、近代国家としての明治政府を目指しつつもその制度も秩序も未だ確立してない、その姿さえも描き切れていない時代と言えよう。そのような時代の中で、わが国にはその後の日本の発展の基礎を築き上げたとも言うべき多くの優秀な研究者、実務家が出現した。筆者は以前から彼らがどのような意図と目標を持って、そしてどのような努力をして実績を挙げたかということに関心を持ち、知りたいと思っていた。そのような意図のもとに筆者は『交通と統計』（交通統計研究所）誌に令和3（2021）年62号から令和5（2023）年71号にかけて10回にわたってシリーズ「近代日本の技術の礎を築いた人々」を連載した。本書は、それをもとに加筆修正を加えたものである。本書の作成に当たっていろいろと調べているうちに、当時の若者教育、人材育成は現代にも十分に通じるものがあるのではないかという気持ちが強くなった。このような経緯のもとに本書の副題「―現代高等教育への示唆―」が加えられた次第である。

　明治新政府の確立に当たって、日本の近代化の最大の契機となり、そしてその後のわが国の人材育成に大きく貢献したのは、明治4（1871）年11月に横浜を出発し、約2年をかけて欧米諸国を訪れ視察を行った総勢約100名の、いわゆる岩倉使節団であったと言えるであろう。岩倉具視を特命全権大使とする岩倉使節団は明治新政府の中心

メンバー、留学生などを含む大使節団であったが、彼らは想像以上に経済、産業の発展した近代国家を西欧社会で目の当たりにした。岩倉使節団には木戸孝允、伊藤博文、大久保利通など、その後の日本の発展の中枢的役割を担う、わが国の政治運営、経済発展、産業振興に大きく寄与した人物達も含まれ、驚嘆の眼で見聞した近代的西欧国家とわが国が肩を並べるようになるには、技術者の養成、工学教育、高等教育等が解決すべき必須の課題であることを彼らは身をもって実感したはずである。

　幕末期から明治維新期にかけて、わが国の当時の若者の教育に関して、長崎海軍伝習所におけるオランダ人教師の果たした役割と貢献は大きい。当時のわが国の特に教育、学問の発展に大きな貢献をした“お雇い外国人”の存在をわれわれは忘れてはならないであろう。オランダ政府から派遣された教師達は、長崎海軍伝習所で当時の若い有能な日本人達に航海術、運用術、造船学、砲術、測量学を指導するに当たって、数学、工学等の基本的な学問と知識の教育指導を行った。その後、長崎海軍伝習所は閉鎖となり、オランダ人教官は一部を除いて帰国した後、新しく英語を中心とする洋学の研究が始められるようになった。江戸末期から明治初期にかけて、わが国で当時の若い日本人の指導に当たった外国人の貢献は大きく、その後も工部大学校、札幌農学校などで日本人の優秀な若者達を教育し、明治期以降のわが国の発展に寄与する多くの人材を育てることになる。

　明治政府が最初に手掛けたとも言える、わが国の鉄道事業の発展の大まかな歴史を眺める時、明治維新時にわが国への鉄道導入に尽力、貢献したのは、主として土木技術者達であった。彼らは欧米の産業発展ぶりに驚嘆し、わが国の産業の振興と発展に邁進することになる。彼らの業績は、わが国の鉄道事業の発展のみにとどまらず、わが国の産業発展、高等教育の充実を通しての人材育成にも大きく貢献するこ

とになった。本書では、明治維新時から明治中後期にかけて、わが国の技術の発展、技術者養成、高等教育の創設と整備に貢献したと思われる代表的な人々を取り上げ、彼らがどのような境遇の中で、何を考え、どのような夢と目的に向かって努力し、どのような人生を送ったかを紹介する。彼らによる西洋技術の導入、技術者教育の実現を中心とした業績は、その後の日本の産業、経済の発展に大いに貢献したという意味で、彼らはまさに"近代日本の技術の礎を作った人々"であると言えるであろう。彼らの人生観、生き方、価値観が彼らの経歴にどのように反映されているか、彼ら先人達がどのような気持ちと考え方に基づいて行動したかという課題のもとに本書は書かれた。筆者の知識と文章表現能力が不十分であることは避けられないものの、可能な範囲で上記課題に焦点を当て、明らかにしたいというのが目標である。先人達がより広い視野を持ち、若者、学生、日本の将来に影響を及ぼし、貢献したといった観点を重視したい。

2024 年 12 月

政策研究大学院大学の研究室にて

大山　達雄

目　次

まえがき　　3

第1章　技術官僚と工学教育の元祖　山尾庸三　　11
　　長州五傑の渡英　　14
　　工部省創設　　15
　　技術教育と工学教育　　18
　　晩年の山尾　　23

第2章　"日本の鉄道の父"と呼ばれた男　井上勝　　27
　　密航渡英と英国生活　　30
　　技術官僚としての出発　　31
　　鉄道事業とわが国の近代化　　33
　　"日本の鉄道の父"としての井上の業績と貢献　　37
　　晩年の井上　　38

第3章　諸芸学士としての工学教育の元祖　古市公威　　41
　　幼少期、開成学校入学、パリ留学　　44
　　帰国後の古市─内務省と帝国大学のために　　46
　　技術官僚としての古市　　51
　　工学教育者としての古市　　54
　　古市の功績　　58

第4章 "港湾工学の父" と呼ばれた
　　　　実務家で教育者　廣井勇　　　　　　61

　幼少期から札幌農学校進学まで　64

　米国での土木実務体験と実務家土木工学者広井の誕生　67

　港湾整備の功績と港湾工学の祖としての教育者　69

　おわりに　73

第5章 近代土木工学の礎を築いた
　　　　情熱と苦闘の土木技術者　田辺朔郎　　　　77

　生い立ち　80

　工部大学校入学と卒業研究としての琵琶湖疏水工事計画　83

　琵琶湖疏水大事業の完成　87

　帝国大学工科大学教授から北海道の幹線鉄道敷設へ　89

　おわりに　92

第6章 官界と学界と
　　　　政界の重鎮を果たした教育者　渡辺洪基　　97

　生い立ちから外務省出仕まで　100

　岩倉使節団随行参加と帰国後の活動　105

　初代東大総長の拝命と三十六会長　111

　帝大総長退任後の活動から晩年へ　116

　おわりに　120

第 7 章　美術建築のパイオニアと

　　　　　謹厳実直のエンジニア　辰野金吾　　　123

　　生い立ちから工部大学校入学まで　126

　　工部大学校時代の辰野　128

　　工部大学校卒業から帝国大学工科大学学長へ　133

　　建築家としての辰野の活躍　139

　　美術建築、家族、そして晩年　141

　　おわりに　147

第 8 章　技術の社会貢献に尽くした

　　　　　稀有の国家的実業家　渋沢栄一　　　151

　　生い立ちから一橋慶喜の幕臣になるまで　154

　　訪欧、帰国、そして大蔵省勤務へ　158

　　民間実業家としての渋沢の活躍　164

　　国家的実業家としての渋沢　171

　　実業界引退から晩年へ　178

第 9 章　幕末・明治維新期の教育方式　　　185

　　子弟教育の源としての藩校　188

　　工学エリートの起源としての長崎海軍伝習所　190

　　応用数学者小野友五郎のその後　197

　　札幌農学校の教育精神　201

　　札幌農学校から北海道帝国大学へ　205

　　工部大学校の教育方式　207

第10章　現代高等教育への示唆　219

　　工部大学校と東京大学工学部　　222

　　わが国の高等教育政策の課題　　227

　　大学評価と評価結果のフィードバック　　231

　　将来の望ましい大学評価と高等教育政策　　237

　　おわりに　　241

あとがき　　244

索　引　　249

第1章

技術官僚と工学教育の元祖
山尾庸三

◇

　わが国が明治維新当時に西洋から近代技術を導入し、技術者教育を行う上で鉄道をはじめとする各種技術の導入は大きな役割を果たした。わが国の技術の発展に寄与した先人達は、同時にわが国の技術者養成、工学教育、そして高等教育の普及に貢献した人々でもある。本書では、彼らが当時の社会の混乱期の中でどのような人生観を持って、どのような考えのもとに人生を送り、生きてきたかに焦点を当てて記すことを目指している。彼らがわが国の明治期以降の目覚ましい発展に寄与、貢献した業績は大であることはもちろんであるが、それぞれの先人達はそれぞれの生い立ち、境遇の中で人生を送り、それがわが国のその後に大きな影響を与えたはずである。その意味で、まずは、わが国の技術官僚としてのみならず、工学教育、技術者養成の元祖とも言うべき山尾庸三を取り上げることにする。

出典：国立国会図書館「近代日本人の肖像」

◇

第1章　技術官僚と工学教育の元祖　山尾庸三

長州五傑の渡英

　長州五傑という用語は著書『明治の技術官僚―近代日本をつくった長州五傑』[1]、『技術官僚の政治参画―日本の科学技術行政の幕開き』[2]、『近代日本一五〇年―科学技術総力戦体制の破綻』[3] などをはじめとして多くの文献で用いられている。長州五傑とは幕末の文久3（1863）年にイギリスに密航したとされる5人の長州藩士、山尾庸三、井上馨（志道聞多）、井上勝（野村弥吉）、遠藤謹助、そして伊藤博文（俊輔）である。彼らの中でも山尾、伊藤、志道らが日本を脱出する前に何をしていたのかは、あまり詳細には書かれていないが、彼らは、高杉晋作らが文久2（1862）年12月に品川御殿山に建設中の英国公使館を焼き討ちした時のメンバーであるとも言われている。彼らには、江戸幕府末期にかなり過激な行動をとっていた、気性の激しい熱血漢の側面があったようである。[4] 山尾庸三については、天保8（1837）年長州藩重臣の山尾忠治の次男として生まれたことは分かっているが、彼が26歳で密航を企てる以前の行動については、ほとんど記されている文献はないようである。いずれにしても、彼らの若い情熱に燃えた激しい行動が仮に事実であったとしても、山尾が英国からの帰国後に果たしたわが国の技術者教育、工学教育、工業を中心とした産業育成に関する役割と貢献を否定、あるいは減ずるものではないであろう。

　幕末の文久3（1863）年に渡英した長州五傑のうち伊藤と井上（馨）は7か月で帰国し、それぞれ藩のために働き、のちには2人とも政治家への道をたどることになる。それに対して残りの山尾、井上（勝）、遠藤の3人はそれぞれ3年半以上の期間英国に留学滞在し、大学で学問、技術を身につけ、のちに彼らは技術官僚としてわが国のその後の発展に行政、産業育成の側面で活躍することになる。このような留学

14

期間の違いが彼らのその後の人生に大きく影響したであろうことは確かであるし、また興味深い。

　山尾は、渡英後はスコットランドのグラスゴーで造船所の職工として、そしてまた同地のアンダーソン・カレッジの夜間クラスで勉強し、5年もの長期間にわたって造船学を中心として近代科学と技術の習得に励んだ。彼の長期にわたる英国留学によって身につけた英語能力と専門知識とは、それまでの江戸鎖国時代を経た普通の日本人とは全く異なったであろう。彼が新たに身につけた世界観は、その後の彼の政府の役人としての経験に大きく影響したであろうことは間違いない。山尾は明治元（1868）年に帰国したが、明治新政府のもとで、それまでには存在することすらなかったであろう"技術官僚"として大いに実力を発揮し活躍したが、同時に彼の英国での経験をもとに工業人材を育てるべく、そのための学校として工部寮の設立を提唱し、明治6（1873）年に山尾庸三を初代校長（寮頭と呼ばれた）とする工学寮が開学したことも彼の大きな業績であり、また英国留学を経験した彼ならではの偉大な、その後の日本の発展と工業化、近代化への貢献である。

工部省創設

　山尾はロンドン大学を経てグラスゴーで造船学を学び、明治維新直前に帰国している。日本の鉄道建設事業の開始は明治2（1869）年の政府決定に基づくとされているが、それに当たっては英国人技術者エドモンド・モレル（Edmond Morel, 1840-1871）の名前を忘れることはできない。モレルは大隈重信大蔵大輔と伊藤博文少輔に鉄道建設を建言し、それに伴って担当官庁の設立が必要であることを述べている。この建議に基づいて当時の造幣局の工部院管轄化、工部院設立などの

案が検討されたが、参議の大久保利通なども巻き込んだ政治的な問題となり、工部院構想の実現にはもうしばらくの時間を要することになった。そこで急に存在感を示すことになるのが、当時民部省所属で造船担当をしていた山尾庸三であった。

　明治3（1870）年7月の民蔵分離（民部省と大蔵省の分離）に強く反対の意思表示をしていた山尾は、伊藤、大隈らと異なって政治的な関わり合いを嫌い、ひたすら技術官僚としての強い意志を持って政策実現に邁進することになる。山尾らは工部院設立を主張し、明治3（1870）年10月には工部省設立が実現し、山尾は工部権大丞に任じられた。山尾が英国留学で得た造船技術をはじめとする西洋の進んだ工学知識は大いに役に立ったと言えるであろう。設立当時の工部省の主要事業は、鉄道、鉱山、電信、灯台、製鉄の5つであった。これらの事業を実施するに当たっては、モレルが工部省設立にかなり貢献したことからも見られるように、お雇い外国人の果たした役割が大きかったと言える。工部省の運営に当たって中心的役割を果たしていた製鉄部門の山尾、中村博愛、灯台部門の佐野常民、鉱山部門の朝倉盛明などはすべて洋行経験があり、ヨーロッパなどで勉強をしてきた者達であった。明治初期に活躍したお雇い外国人には、われわれにも馴染みのある名前として、大森貝塚の発見者である動物学者のエドワード・モース（Edward S. Morse）、日本の美術を高く評価したアーネスト・フェノロサ（Ernest F. Fenollosa）、"少年よ、大志を抱け（Boys, be ambitious.）"の言葉で有名な札幌農学校の教頭であったウィリアム・クラーク（William S. Clark）などがいる。そしてまた、前述の工学寮の設立のきっかけを作った鉄道技師エドモンド・モレル、さらにわが国の工学教育、工部大学校の設立に貢献したヘンリー・ダイアー（Henry Dyer, 1848-1918）、あるいは東京国立博物館や鹿鳴館を設計し、辰野金吾らの明治期のわが国の代表的な建築家を育てた建築家の

ジョサイア・コンドル（Josiah Conder, 1852-1920）なども同じくお雇い外国人である。筆者が思うには、「これらのお雇い外国人達は、西欧諸国に対してかなり後れをとったことを認識した当時の明治日本の、近代国家に向かって必死になって邁進する若者達に、はるばる遠い外国からやって来て、それぞれの専門分野で熱心かつ適切な教育指導をすると共に、ひたすら当時のわが国の若者達に未来への指針と夢と希望とを与えることに全力を注いだ熱心な教師達であった」[5] と言えるのではなかろうか。

　山尾ら技術官僚の努力によって、もちろんお雇い外国人らの協力を得つつではあるが、工部省管轄の諸事業は次々と実現されることになった。明治5（1872）年には、新橋・横浜間の鉄道が開業し、開業式は明治天皇臨席の下で行われた。また同年末には東京と長崎の間で電信が開通するというように、山尾らの活躍は眼をみはるものとなり、彼は同年工部大輔という、技術官僚でありながら、組織全体を見渡す役割を果たす官僚のトップに昇格することとなった。しかしながら、このように技術官僚が官僚組織の中で台頭し、多額の予算を費やしつつ各種事業を推進するようになると、他の官僚、そして政治家らとも予算審議等をめぐる対立構造が見られるようになり、大隈重信、江藤新平、大木喬任ら実務的政治家とも議論を戦わせ、対立することになる。東京－長崎間の電信線建設によって電信需要が大きく伸びたため、東京から青森まで新たに鉄道を建設するという案が却下されたのもこの頃であった。

　その後、明治6（1873）年に岩倉使節団が帰朝すると、西郷隆盛参議の朝鮮派遣をめぐり政府内は激しく対立することになる。こうして西郷、板垣退助、江藤新平、後藤象二郎、副島種臣らは下野することになり、新たに伊藤博文、寺島宗則、勝海舟らが参議となり、新政府を動かしていくことになった。このような経緯から山尾らを中心とす

る工部省は政争に巻き込まれることなく、そしてまた改組、大幅改革されることなく、技術官僚による西洋知識を背景とする技術に精通した集団としての実力を発揮したのが工部省設立以来の数年間であったと言えよう。山尾は他人に容易に妥協することのない、いわば頑固な行動派であったようで、井上馨とは予算に関連して激論を戦わせ、またのちに鉄道事業政策を担当する井上勝とも意見の対立があったとされている。

　しかしながら、このような山尾のひたすらわが国の近代化を目指す情熱に基づいた工部省運営努力とエネルギッシュな行動力があってこそ、明治維新の混乱期におけるわが国の工業立国化、産業育成による近代化が可能となったことは事実であろう。明治初期の工部省創設の経緯、そして山尾の功績については多くの研究、調査がなされているが、代表的なものとして、工部省について詳細に書かれたもの[6]、そして山尾について伝記的に書かれたもの[7]、工部省創設との関係を詳細に調べたもの[8]があることを追加しておく。また、山尾庸三の業績の中ではこれまでさほど注目されてはいないものの、注目に値する事項として、彼が障害者教育の必要性を強く感じていたことを示す事項があることを追記しておこう。[9]山尾は明治4（1871）年に太政院に提出した建白書の中でわが国における盲唖学校創立の必要性を主張している。これは彼が英国滞在の中で英国における障害者対応に感銘を受けたことによるものと思われる。彼のこの主張はほぼ10年後に楽善会訓盲院開設となって実現することを付け加えておく。

技術教育と工学教育

　山尾庸三という人物を考える上で、彼が有能で行動力のある技術官

僚としての実力を工部省の設立、運営の中で十分発揮したことは事実である。それに加えて、いやそれと匹敵するとしても過言ではない、彼の大きな貢献として、日本人の若者に対してどのように工学教育に基づく技術教育を施すべきかについて真剣に考え、それを実現したことがある。本節では山尾の技術教育、工学教育、あるいはわが国の教育制度が未整備（学制制定は明治5〈1872〉年）の中、現代における高等教育に相当する分野において大きな役割を果たし貢献した功績について述べる。明治維新当時の工学教育、高等教育の沿革、概略についての詳細は『東京大学第二工学部の光芒－現代高等教育への示唆』[10]を参照されたい。

　明治5（1872）年に岩倉使節団が欧米視察のために派遣されたが、その副使を務めたのが伊藤博文であり、彼はイギリスにおいて工学寮の教師として適切な人材を探すべく、グラスゴー大学を中心に人選を進めた。こうして実質的な校長（都検と呼ばれた）には、グラスゴー大学の教授ランキン（W. J. M. Ranking, 1820-1872）、その愛弟子ヘンリー・ダイアーが推薦された。グラスゴー大学の重鎮ケルビン卿（Load Kelvin, 1824-1907）の同意も得て、化学のダイバース（E. Diverse, 1837-1912）、電信、理学のエアトン（W. E. Ayrton, 1847-1908）、理学、数学のマーシャル（D. H. Marshal）ら8人の教師陣も決定された。彼らは明治6（1873）年に来日し、7月には工学寮が開学した。外国人教師達はその後も土木工学のペリー（J. Perry, 1850-1920）、造家（建築）学のコンドル、鉱山学ミルン（J. Milne, 1850-1913）などの錚々たる教授達が参加し、明治18（1885）年までに累計49名となった。

　工部省工学寮は、工部省の中で工学の技術教育を実施し、殖産興業の実際の担い手になり得る人材を育成し、工学を発展させるための技術教育を行う高等教育機関を設けるべく、山尾庸三の主張に基づいて明治4（1871）年に設立され、明治6（1873）年に開学し、明治10

（1877）年には工部大学校と改称された。工部省工学寮は明治6（1873）年にイギリス人教師が来日して開学となったが、山尾庸三が初代の工学寮長官である工学寮頭に就任し、明治8（1875）年からは大鳥圭介が2代目工学寮頭となった。明治10（1877）年には工学寮は工作局の管轄下になるが、工作局は官営工場と工業教育機関の2部門からなり、後者が工部大学校となったのである。

　初代教頭（Principal）として赴任したヘンリー・ダイアーは、教育カリキュラムの作成に当たって専門的学力を習得させることは当然として、実際の工業の場での実践力を付けること、さらには学生が幅広い教養を持つことを重視した。そのため、工部大学校のカリキュラムは、イギリス式実務重視の実践的教育とフランス、ドイツ式の理論重視の体系的教育とをうまくバランスさせたものとなった。このことについては、のちの東京大学第二工学部における教育とも相通じるものが見られる点が興味深いと『東京大学第二工学部の光芒』に述べられている。[11]

　工部大学校では、工部省による鉄道網・通信網の整備、都市機能整備、港湾開発などのための技術者養成教育を目指したため、カリキュラム編成も工場や工事現場などでの実地訓練、そして学科間連携も含めて体系的に行われた。特に工部大学校における教育課程は予科学、専門学、実地学をそれぞれ2年ずつ、合計6年からなるものであった。工部大学校のカリキュラムの6年間の修業期間のうち最初の4年間は毎年6か月間を学校で過ごさせ、残りの6か月間を学生の選択する特定分野の実習に充て、最後の2年間は実践活動に充てるという形を採用したが、これはダイアーの発案であって、理論と実践とのいわゆるサンドイッチ方式の教育である。また、工部大学校の施設や設備の充実には特段の配慮がされていた。学校生活は全寮制であり、すべて洋式で、授業も英語で行われたが、同じ敷地内に共住する外国人教師と

の間での日常的なコミュニケーションも活発であった。

　工部大学校の教育、学生の評価もかなり厳しかったようである。明治 12（1879）年に第 1 回生が卒業して以降、明治 18（1885）年に第 7 回生が卒業するまでの期間を見ると、入学者 493 名に対して卒業生は 211 名となっている。[12] 工部大学校の卒業生の中には顕著な業績、成果を挙げ、目覚ましい活躍をした者も多く、タカジアスターゼを創製した高峰譲吉、東京駅を設計した辰野金吾、琵琶湖疏水事業を進めた田辺朔郎など、わが国の学問、実業の発展に大きく寄与した人々の名前を数え上げればきりがない。ヘンリー・ダイアーと山尾庸三という傑出した 2 人の人物が協力して作り上げた工部大学校における実務的技術教育を重視した教育を受けた卒業生達が、明治日本の殖産興業の中心人物となり、その後のわが国の産業界の発展を支えたと言える。

　工学寮が工部大学校に改称された明治 10（1877）年は、東京開成学校と東京医学校が統合して東京大学が創立された年でもある。その後、明治 18（1885）年には工部省が廃止され、農商務省となり、東京大学には工芸学部が設置されるが、同年に工部大学校は文部省管轄下になり、東京大学工芸学部と合併することになる。

　工部大学校は工学系教育機関の成功例として欧米でもかなり注目を集めたが、設置母体である工部省が衰退すると共に、実習、実地訓練の現場である工場や工事現場が急速に縮小され、その存続が危ぶまれることになった。そして明治 18（1885）年、文部省に移管された後、同年 12 月 15 日に東京大学工芸学部と合体し、わずか 3 か月後の明治 19（1886）年 3 月に帝国大学工科大学として発足するに至るのである。

　工部省管轄の工部大学校と文部省管轄の東京開成校との関係について眺めてみよう。工部大学校は、元来、伊藤博文、井上馨、山尾庸三等の長州藩出身者によって形作られたものであるのに対して、文部省は薩摩藩出身者が主流である。工部大学校の工学教育への対抗意識も

第 1 章　技術官僚と工学教育の元祖　山尾庸三　　21

強く、語学中心ながら優等生の海外留学を進めていた。文部省として
は教育の一元管理を主張しており、工部省廃止が両校統合への大きな
契機となり、当時の日本の政界での伊藤博文によって日本がドイツ式
の立憲君主制を採用することを決定して以来、次第に教育の流れも変
わり、当初のイギリス流モデルからドイツ流モデルへのシフトが進行
していった。それ故、イギリス式教育カリキュラムも改編されること
になった。

　東京大学工芸学部は東京大学理学部の中の機械工学、土木工学、採
鉱冶金学、応用化学の諸学科を分割して新設した学部であるが、東京
大学工芸学部は工部大学校との合併の受け皿として作られた。帝国大
学工科大学は発足当時、古市公威学長（実質的には学部長）を含めて
11名の教授陣から構成されていたが、うち3名は工部大学校出身者で
あった。また助教授は7名いたが、うち6名は工部大学校出身者で
あった。帝国大学工科大学は明治30（1897）年に東京帝国大学と改称
され、工科大学は大正8（1919）年に工学部と改称された。

　山尾は工部大輔として工部省の運営責任者の任務を果たしたが、そ
れに当たっては伊藤博文の工部卿としての協力があって初めて可能に
なったと言える。山尾は常に技術官僚としての任務に全力を尽くし、
政治的な交渉、闘争といったことに煩わされることはなかった。とい
うよりも、そのような状況の中に巻き込まれることを自ら避けていた
というのが正しいであろう。伊藤が木戸孝允、大久保利通、板垣退助
らとの微妙かつ複雑な関係の中での交渉術にたけていたのと比べると、
山尾はもっぱら技術官僚としての役目を果たすことに没頭していたと
言える。伊藤と山尾は、鉄道政策についての案件に関しても、方針の
決定や高額予算の執行については伊藤工部卿が決定し、事務的な細か
な案件は山尾工部大輔が決済するというような分担作業を行っていた
ようである。[13]

工部卿としての伊藤は、工部予算を常に拡大、確保するという点でも実力を発揮した。技術官僚にとっては不可能な芸当であろうが、その交渉に際しては伊藤もかなり苦労したようである。たとえば、京都－大津間に鉄道を新たに建設するという案を凍結し、鉄道政策を抑制する姿勢を示しつつ、鉱山などの他分野において工部省の予算を確保するといった交渉は、山尾工部大輔あるいは井上鉄道頭にはできない。"頼れる政治家"、"タフなネゴシエーター"としての伊藤ならではの交渉術ではなかろうか。工部卿伊藤にとっての最重要課題は、工部省と新設の内務省との管轄領域をどのようにして振り分けるかということであったが、ここでも伊藤は工部省勧工寮を廃止した上で、工部省が製作寮として引き継ぐことにして工部省が重工業系の勧工業務を継続することを可能にしたのである。

　伊藤は有能な技術官僚である山尾と井上をうまく利用し、また山尾と井上は彼らに欠けている部分を伊藤に依存しつつ、お互いの協力態勢を築くことによって工部省の効果的かつ強力な運営が可能となったと言えるであろう。

晩年の山尾

　明治11（1878）年に大久保利通が紀尾井坂で暗殺されると、維新の政治もかなり変化することになった。この年はほぼ3年にわたる欧米諸国滞在から井上馨が帰国し、彼は伊藤が工部卿から内務卿に転任した後の工部卿となった。井上が米国で学んだ知識に基づいて、わが国の鉄道事業、鉱山業を結び付けた東北地方開発のための鉄道建設の重要性を強調したこと、経済財政運営上、重要かつ必要とされるスタチスチックス（Statistics、統計学）を研究してきたことなどが背景と

なった"伊藤の人事"だったようである。

　この頃の重要政策は、諸政策に"参与"するとされた参議が担当し、決定したが、当時の参議は内務卿伊藤博文、文部卿西郷従道、大蔵卿大隈重信、外務卿寺島宗則、工部卿井上馨、海軍卿伊藤純義、陸軍卿山縣有朋、開拓使長官黒田清隆、司法卿大木喬任であった。彼ら9名の参議達は"維新の政治家"と呼ばれたが、彼らの上には三条実美太政大臣と岩倉具視右大臣がいた。この時期の政治家達がほぼ全員、洋行経験者であったということは、わが国が西洋諸国の近代化の現状を見た上で、それに向かって邁進する姿を示していると言えよう。

　工部省が設立されたのは明治3（1870）年であったが、明治10（1877）年には行政改革が行われ、工部省は寮の格下げによって、鉄道、鉱山、電信、工作、灯台、営繕、会計、書記、検査、倉庫の10局体制となった。井上勝は鉄道局長と工部少輔を兼務したが、工部省内の卿と大少輔はすべて長州五傑となった。明治12（1879）年には井上馨が工部卿から外務卿に転任したため、新たな工部卿には山尾より年下の山田顕義が就任した。山尾の工部省時代の最大の業績はヘンリー・ダイアーと共に明治6（1873）年に工部大学校を開設したことであろう。工部大学校の卒業生はお雇い外国人に代わって大学校教員になったり、技術官僚になったり、海外留学をしたりと多方面で活躍することになった。明治13（1880）年には山尾は工部卿として工部省のトップになるが、彼は政治的な野心もなく、存在感もなく、もっぱら製鉄、造船、電信などの工業育成のための専門家技術官僚としての務めに徹していたようである。

　明治14（1881）年には山尾は工部省を去ることになるが、その後は参事院一等技官となり、専門外の法案審査、県令と県会の裁定などの法案関連業務に携わることになる。法政官僚が中心となって活躍する時代を迎えつつある中、山尾にとってはある意味で不本意な境遇で

24

あったと思われる。山尾が幕末に密航渡英し、英国留学を経験してから15年が経ち、山尾の工学、技術に関する知識も旧くなりつつある中、山尾は明治16（1883）年の四国、九州などの地方巡察を経て、わが国の"殖産興業化"が未だ不十分で達成されていないことを主張しつつ、再び海外視察をして研究をしたい旨願い出たが、認められることはなかった。明治18（1885）年に内閣制度が創設され、山尾は初代の内閣法制局長に就任するが、法制に通じていない山尾はこの時もまたもっぱら伊藤首相の代理として振る舞っていたようである。こうして明治21（1888）年に山尾は法制局長官を辞して、臨時建設局総裁に任ぜられ、明治23（1890）年に同局が廃止となるまで首都改造業務に携わることになる。この職は山尾のような建築、設計の技術に通じている技術官僚には適していたようである。

　臨時建設局総裁辞職後、山尾は名誉職として宮中顧問官、有栖川宮家別当等に就任し務め上げ、明治31（(1898）年に公職を辞すことになる。山尾は大正6（1917）年に80歳の生涯を終えた。技術官僚の元祖として十分な実力を発揮し、わが国の工業育成、工学教育の普及、技術者養成といった側面において数多くの重要かつ貴重な成果を挙げた山尾は、彼にとって欠けていたとされる政治的な能力と手腕が十分でなかったことを彼自身どう考えていたかはわれわれの知りたいところでもある。

[注]
1　柏原宏紀『明治の技術官僚―近代日本をつくった長州五傑』中公新書、2018
2　大淀昇一『技術官僚の政治参画―日本の科学技術行政の幕開き』中公新書、1997
3　山本義隆『近代日本一五〇年―科学技術総力戦体制の破綻』岩波新書、2018
4　柏原、前掲書
5　大山達雄、前田正史編著『東京大学第二工学部の光芒－現代高等教育への示唆』東京大学出版会、2014、p.154

6　柏原、前掲書

7　兼清正徳『山尾庸三伝：明治の工業立国の父』山尾庸三顕彰会、2003

8　葉賀七三男「工部の精神と山尾庸三」、『自然』35 巻、10 号、1980

9　久田信行「盲唖学校の成立と山尾庸三―吉田松陰の思想と時代背景―」『群馬大学
教育学部実践研究』第 26 号、群馬大学教育学部附属教育臨床総合センター、2009、
pp.89-100

10　大山、前掲書

11　同書

12　同書、p.8

13　同書、p.156

第2章

"日本の鉄道の父" と呼ばれた男
井上勝

◇

　山尾庸三と共に英国留学をして、帰国後も山尾と同様に技術官僚として活躍し、のちに"日本の鉄道の父"と呼ばれる井上勝について紹介しよう。彼が天保14（1843）年長州藩萩城下に生まれ、18歳の頃に山尾庸三、伊藤博文、井上馨、遠藤謹助らの長州五傑と共に英国に密航して以来、"日本の鉄道の父"と呼ばれるに至るまでの経歴と業績とを、彼の生き方と仕事ぶりを中心に振り返ってみることにする。

出典：国立国会図書館「近代日本人の肖像」

◇

第2章　"日本の鉄道の父"と呼ばれた男　井上勝　　29

密航渡英と英国生活

　井上勝が6歳年上の山尾、そして伊藤らと共に幕末に英国へと密航したのは文久3（1863）年である。山尾の場合と同様に、井上もそれ以前はかなり過激な行動をする "熱い性格" の若者だったようである。すなわち井上は萩明倫館で勉強した後、西洋学を学ぶことを志し、黒船来航後の沿岸警備の役目を負って現在の横須賀に赴任した父井上勝行についていくが、そこで伊藤博文と出会うことになる。その後、萩へ戻った井上はさらに洋学、兵学等を学ぶべく、向学心に燃え、東京大学設立に至るわが国高等教育の元祖[1] とも言うべき蕃書調所へ入学し、航海術を学び、さらに箱館（現函館）に向かい英語を学び、これが契機となり江戸へ行き、外国留学を目指すことになる。

　井上は文久3（1863）年3月に江戸を出発して香港に寄り、そこから船で英国ロンドンに向かった。長州五傑がロンドンに着いたのは同年10月であった。井上は University College London（UCL）に入学して鉱山技術、鉄道技術を学ぶが、それがその後の彼の人生に大きく影響することになる。なお、UCL には長州五傑の記念碑がキャンパス内に建てられており、平成26（2014）年には内閣総理大臣安倍晋三氏が訪れたとのことである。井上らがロンドンに到着した1年後の元治元（1864）年に井上馨と伊藤は帰国、そして遠藤は病気の悪化で慶応2（1866）年に帰国する。留学、勉強を途中でやめて早く帰国した井上馨と伊藤がその後、政治家を志し、遠藤は病身に耐えつつ技術官僚を務め上げることになる。

　一方、ロンドンに残ってその後留学生活を続けた井上と山尾はそれぞれ近代の西洋学としての工学、技術を身につけ5年余の留学期間を経て帰国した後、彼らの専門知識を生かして技術官僚として日本の工

30

業化、近代化に向けて大きく活躍することになる。それぞれの英国滞在の経験がその後の彼らの人生模様に反映されているのは興味深いことである。

井上馨と伊藤が帰国した後もロンドンに滞在し勉強を続けた井上勝と山尾らの生活が決して楽でなかった、いやそれ以上にかなり困窮したものであっただろうことは想像に難くないが、それだけに彼らの努力も並々ならぬものであったし、その経験がその後の彼らの活躍の基盤となっていることも確かであろう。井上と山尾は明治元（1868）年に無事 UCL を卒業し、彼らの知識と技術を母国で生かすべく木戸孝允に請われ、11 月に帰国し、その後それぞれ技術官僚として活躍することになる。

技術官僚としての出発

井上は明治元（1868）年に帰国し、大蔵省勤務となるが、そこで伊藤博文、大隈重信らがわが国で鉄道事業を推進する立場にあったために、鉄道事業業務に携わることになる。当時の日本には鉄道技術がほとんど普及していなかったことからも、英国からのお雇い外国人に頼らざるを得ず、エドモンド・モレルがその中心となり、井上と共に鉄道敷設事業を推進することになった。井上は、明治 3（1870）年に設立された工部省勤務となり、山尾と共に工部権大丞となり、翌年からは工部大丞に昇進し、鉱山寮鉱山頭、鉄道寮鉄道頭を兼任しつつ、鉄道事業推進に専念することになる。当時の鉄道建設という新たな事業に対しては政治家、一般国民の中には反対する者も多かった。明治 3（1870）年から測量が始まったものの、井上は反対派である黒田清隆などの説得に当たった。モレルが鉄道建設途中に弱冠 30 歳で夭折し

たものの、井上、山尾らの努力の結果、明治5（1872）年9月に新橋
－横浜間の鉄道が開通、開業となった。そのような中で明治3（1870）
年、4（1871）年には神戸－大阪間、大阪－京都間の鉄道建設のため
の測量が開始され、お雇い外国人に頼ることなく、わが国の鉄道事業
が推進されることになる。明治初期から明治10（1877）年にかけての
当時はわが国の政治状況、治安状態も不安定で、佐賀の乱、萩の乱、
西南戦争などの地方士族の反乱が続いた。そのような中で伊藤らはさ
らに鉄道推進を図るべく、明治7（1874）年には井上が鉄道頭となり、
明治10（1877）年には鉄道寮が鉄道局となり、井上は鉄道局長に就任
した。神戸－大阪間鉄道は明治7（1874）年、大阪－京都間鉄道は明
治10（1877）年に開通し、関西方面の鉄道も整備されることになった。
その翌年の明治11（1878）年には京都－大津間ルートの工事も開始さ
れたが、逢坂山トンネルの工事は明治12（1879）年の落盤事故等も
あって難航したが、ようやく明治13（1880）年7月に日本人のみの手
による日本初のトンネル工事の完成を見たのである。井上はこの工事
には陣頭指揮をとって当たったようである。

　明治12（1879）年当時、京都－東京間ルートは未完成で、ルートも
未決定であったため、それをどのようなルートにするかが大きな問題
となっていた。特に中山道、東海道のいずれを通すべきかについて、
激しく議論が戦わされたようである。測量技術にたけた小野友五郎ら
は明治3（1871）年に自ら東海道を測量調査した結果も踏まえ、陸、
海どちらからでも運行可能な東海道よりも、険峻で村々の交通の不便
な中山道に鉄道を通して流通を発展させた方が経済発展につながると
いう理由で中山道ルートを提言した。お雇い外国人モレルの後任とし
て来日していたリチャード・ボイル（Richard Boyle, 1822-1908）も中
山道を調査し、明治9（1877）年に中山道ルートを支持する旨の報告
書を提出している。

鉄道事業とわが国の近代化

　小野友五郎について少し述べておこう。小野は文化14（1817）年の生まれであるから、山尾よりは20歳、井上よりは26歳も年上である。小野は徳川幕府が幕末期にオランダに発注したヤーパン号、のちに咸臨丸となる軍艦の乗組員養成機関としての海軍伝習所で測量学、航海術を学んだ。彼は蘭学、和算、西洋数学、天文学、地理学にも非常にたけており、当時のオランダ人教師も驚くほど優秀でまさに“天才的応用数学者”[2] とも言うべき人物であった。海軍伝習所は当時長崎にあり長崎海軍伝習所とも呼ばれ、全国諸藩から優秀な若者を集めていたため、幕末日本の科学技術の発展に大きな刺激と影響を与え、のちに蕃書調所や諸藩における洋学の研究にも重要な影響と役割を果たしたとされる機関である。小倉金之助は『近代日本の数学』の中で海軍伝習所が日本の近代化に大きな役割と果たしたと結論づけ、海軍伝習所の開設はわが国のその後の科学技術の発展にとって象徴的であったと述べている。[3] 小野は海軍伝習所当時、洋学の知識を誰よりも早く習得した上で、わが国の工業化、近代化に貢献することになる。彼は咸臨丸の航海長を務めたが、その時の彼の貢献について、サンフランシスコへ同行した木村摂津守の日記の中で「小野友五郎の測量は、かの邦人にも愧じざるわざにして、このたび初めてその比類なきを知れり」と記している。[4] 小野は英国から帰国後には軍艦の国産化、港湾の近代化、海軍工廠の建設等に尽力するが、幕末の徳川慶喜の大政奉還後は榎本武揚率いる海軍に加わって蝦夷地へ赴き、明治維新政府と戦って敗れ、伝馬町の牢に入れられることになる。出獄後の小野は、もっぱら軍事よりも民生に関心を持ち、わが国の鉄道事業の測量担当に加わることになった。

藤井哲博は、彼の著書『咸臨丸航海長小野友五郎の生涯－幕末明治のテクノクラート』の中で以下のように述べている。"幕末時代、小野友五郎は海軍方・勘定方のテクノクラートとして活躍したが、彼の本領は数学に強いことであった。それが時代の要請に応じて、軍艦の航海長になったり、造船の基本設計家になったり、水路測量家になったり、内戦の兵站方になったりしただけで、本来、武官向きの人ではなかった。それにすでに55歳に近かったから、今さら海軍に戻ったところで、適当なポストがあるはずもなかった。彼は幕末期にはすでに軍事よりも民生に傾いていた。兵庫開港御用の勘定奉行並として、ガス灯・郵便・鉄道などを設計する計画を自らの手で実施するつもりになっていた。"[5]

　小野友五郎が新政府の鉄道事業に加わり、それに精力を注ぐという決断をしたことについては、まさにわが国の発展、殖産興業のために鉄道建設が必須であるという信念に基づくものであったと言える。当時の鉄道関係者の主流は、幕末に海軍諸術を長崎海軍伝習所で学んだか、もしくはそれを学ぶために英国に密航した山尾、井上を中心とする人々であった。鉄道計画は小野友五郎が明治3（1870）年に鉄道事業に乗り出して以来、明治5（1872）年に新橋－横浜間に日本最初の鉄道が開通して本州から各地に広がることになったが、そのための人材は、明治政府が養成した鉄道技術者が育つまでは長崎海軍伝習所出身者が中心であったということは、長崎海軍伝習所がわが国の近代化に大きく貢献したことを示すと同時に、わが国の海軍の整備、確立において同海軍伝習所が果たした役割と貢献の場合も同様であった。[6]

　鉄道で長崎海軍伝習所出身者が主導権を握ったのは明治10（1877）年頃までであったが、最後まで関係した小野友五郎と、彼と共に長崎海軍伝習所で機関学を学び、咸臨丸機関長として操船指揮をとった肥田浜五郎の場合でも、明治10（1877）年代の半ばまでであった。初期

の鉄道の中心を長崎海軍伝習所出身者で固めたのは、のちに鉄道行政の実力者と言われた井上勝であった。長州閥の井上勝は事実上鉄道の実権を握っており、井上が"日本の鉄道の父"と呼ばれる所以はここにあると言えよう。小野友五郎のような学問に対する理論的分析能力に加えて、自らと共に他人をも動かしつつわが国の産業の近代化実現のために邁進するという実務的処理遂行能力に優れた人間が、わが国が武士による封建社会国家から明治時代という近代政府国家に変わる時期に出現したということは、わが国の数学、工学の発展の上からも、そしてまたわが国の近代産業発展の基礎を築くといった観点からも、非常に幸運なことと言えるのではないだろうか。

『東京大学第二工学部の光芒－現代高等教育への示唆』では以下のように述べられている。"明治維新というのは、日本的革命であったとよく言われる。人心の一新ということに関しては一定の効果があったが、文化的に幕府時代と明治時代の境に断絶があったわけではない。特に文化的脱亜入欧は、幕末の長崎海軍伝習所でスタートし、それが明治時代において加速したと言えるであろう。事実、明治10（1877）年代までは、その担い手が海軍伝習所出身者であったことは、われわれとして記憶に留めるべきであろう。"[7]

　明治6（1873）年には工部大学校の前身である工部省工学寮が設立されるが、長崎海軍伝習所の人材養成と成果は工部大学校の設立の精神の中にも十分に生かされることになったと言ってよい。工部大学校の伝統と精神は東京帝国大学第二工学部に継承され、それが現在の東京大学生産技術研究所に生かされるという大きな流れの源となっている。また、小野が当時でもかなり国際的な認識を持つ人物であって、日本の将来を託すべき若者達の将来を真剣に考え、人材育成が重要で必要であることを認識していたとして、次のようにも述べている。"蒸気コルベット艦ヤーパン号（咸臨丸）が長崎港に到着したのは安政4

（1857）年8月で、咸臨丸が小野友五郎らの海軍伝習所卒業生を乗せて米国への遠洋航海に出発したのは安政7（1860）年であった。小野友五郎はその後も"国際派テクノクラート"として明治維新のわが国の近代化に努めるのであるが、慶応3（1867）年1月には再び小野友五郎使節団として幕府から軍艦の購入を主要な目的とする命を受けて米国へ正史（勘定吟味役）として派遣されることになった。この時小野は随員として選んだ福沢諭吉、津田仙、尺振八らと米国の教育施設も視察している。"[8]

小野友五郎使節団の様子については、『咸臨丸航海長小野友五郎の生涯－幕末明治のテクノクラート』[9]の中で、洋行経験と英語の能力があるということで小野自身が使節団の随員に選んだ福沢諭吉に対して、彼が期待した英語能力を有していなかったこと、そして実務能力もなかったこと、そしてやはりこの時随員として連れて行った尺振八が非常に高い英語能力を有していたので、尺にすべて通訳を任せたことなどが記されている。その後の明治時代になってから、福沢諭吉は慶應義塾、津田仙は学農社という農学校、そして彼の次女津田梅子は米国留学の後に女子英学塾、尺振八は共立学舎を創立することになった。彼らがいずれもわが国の高等教育の普及に大きな貢献をしていることを考える時、小野友五郎の先を見通す能力に加えて、当時の知識人達の努力とエネルギーに驚嘆するばかりである。小野よりも20歳も年下で、幕末に密航渡英した山尾が工部大学校を創設し、それがやがて東京大学工学部へと発展したことを考える時、小野がわが国の近代化に尽力、貢献し、そして当時の若者が将来のわが国を背負うべく、人材育成に貢献した事実を忘れてはならないであろう。

"日本の鉄道の父"としての井上の業績と貢献

　京都－東京間のルート選択に関する議論はボイルの報告書に基づく中山道ルートが最適と具申され、それぞれ高崎と大垣から漸次測量と工事を着工する方針が固まった。明治14（1881）年には私鉄の日本鉄道会社が発足し、東京－青森間の鉄道敷設をするという大企画が発表されたが、当時の日本の状況からは資金的にも技術的にも実現の可能性は低いものであった。井上は東京から高崎までの鉄道建設改革を推進すべく試みたが停滞し、明治16（1883）年に工部省代理の山縣有朋に関ヶ原－大垣間ルートも申請したが、これも見通しは立たなかった。井上はこの年に工部大輔兼工部技監に任命され、鉄道事業責任者として中山道ルート計画と上野－高崎間工事の両者を進めることになる。しかしながら明治18（1885）年頃から中山道ルートの工事が困難を窮め、滞るようになったため、再び東海道ルートの調査を進めることになった。井上は中山道ルート実現を目指すも碓氷峠の急勾配による難工事等に悩まされ、結局東海道ルートへの変更を決定した。ルート変更案は明治19（1886）年に伊藤内閣によって認められ、東海道ルート敷設工事が開始された。その後、井上に任された原口要、南清らの努力によって東海道ルート工事は順次完成し、ついに明治22（1889）年東海道本線397.4kmが全線開通となった。東海道本線開通の業績によって、井上は勲一等瑞宝章を授けられ、翌明治23（1890）年には貴族院議員となり、鉄道局から改称された内務省管轄の鉄道庁の初代長官となった。その後も井上はわが国の鉄道事業の発展に尽力し、日本鉄道会社の監督としても東京－青森間ルートの開通に尽力し、明治24（1891）年には東北本線も全線開通となった。また一度挫折していた横川－軽井沢間ルートは明治25（1892）年に完成した。

井上が鉄道事業に携わる中で、わが国の鉄道を国有化のみとすべき
か、民営を促進すべきか、両者をどのように調整すべきかといった議
論も当時かなり激しくなされたようである。井上は当初は鉄道の国有
化、私鉄の参入にもそれほどこだわってはいなかった。その後、明治
16（1883）年には私鉄の弊害を挙げ、鉄道国有化の必要性を訴えるこ
とになった。井上の私鉄批判の根拠となったのは、i）利益優先と競合
は他の会社との競争に熱中するあまり、無駄な路線敷設が増加し国家
の鉄道敷設の妨げになる、ii）予算膨張を恐れたり、利益が赤字にな
る可能性があると交通の便に必要な建設計画を実行せず、作った施設
も放置して改良しない、iii）会社の鉄道独占が国家の介入を阻む恐れ
がある、などであった。井上の私鉄批判は田口卯吉（両毛鉄道社長）
らとの対立を生むことになった。しかしながら一方では、明治19
（1886）年頃からは私鉄が続々と設立されることになり、井上は無計
画な設立と投資家の楽観的過ぎる姿勢を批判し、鉄道業界全体の印象
が悪化することを懸念する態度をとることになった。こうして明治20
（1887）年井上は当時の伊藤首相に私設鉄道条例を上申し、同年に交
付となった。この条例によって私鉄会社設立の条件、鉄道局長官によ
る材料監査、工事監督が明文化され、将来の利益が見込める場合に許
可を与えることを重視することになった。

晩年の井上

　井上は明治23（1890）年に鉄道庁長官、そして貴族院議員となり、
翌年には明治22（1888）年の東海道本線開通に次いで、東北本線が全
線開通となった。この頃が井上の鉄道技術官僚としての業績のピーク
だったようである。その後、井上は鉄道経営を自らの主張である、路

線拡大のための予算は、弱小私鉄を買収し、幹線鉄道と接続するのに用いるべきであることを強調したが、帝国議会では井上の主張は説得力を持たなかったため、井上案は否決された。そのような中、明治25（1891）年には私鉄買収には議会が設置した鉄道会議の同意が必要となり、私鉄も幹線道路を敷設できるという民営鉄道促進のための鉄道敷設法が成立した。井上が民営鉄道促進派の田口卯吉や品川弥二郎らと対立したのもこの頃である。鉄道敷設法が成立した後、小鉄道会社が乱立し、効率低下が進行したこともあって、鉄道国有化という明治39（1906）年の鉄道国有化法の成立につながることになる。この頃から井上は鉄道経営の表舞台から身を引き、かつての部下達も離れるようになったため、伊藤の説得によって明治26（1893）年に松方首相の辞任と共に長官を退官することになった。

　井上は鉄道庁長官退官後も鉄道事業の発展に尽くすため、明治29（1896）年汽車製造合資会社（のちの汽車製造株式会社）を大阪で設立する。この会社は機関車の国産化によるわが国の工業化を目指すものであったが、経営はあまりうまくいかず、明治34（1901）年に同業の平岡工場と合併し、それがのちに昭和42（1967）年に川崎重工株式会社に吸収合併されるに至る。井上は、明治初期のわが国の鉄道事業設立に当たっては無類の業績と成果を残しつつ、晩年には若者人材育成枠として鉄道職員養成のための学術研究機関である帝国鉄道員会を明治28（1895）年に発足させた。長州五傑の仲間で英国留学組の先輩・友人の技術官僚山尾庸三が、わが国全体の近代化、工業化を目指しつつ、工学者、技術者養成のための若者人材育成機関としての工部大学校を企画、設立したのと比較すると、構想のスケールといった点では井上は山尾には及ばなかったと言わざるを得ないのではなかろうか。帝国鉄道員会は翌年には帝国鉄道協会と改称され、井上は明治33（1900）年に名誉会員、そして明治42（1909）年には帝国鉄道協会第

3代会長に就任している。その翌年の明治43（1910）年に、井上は日英博覧会とヨーロッパ鉄道の視察を目的に渡欧するが、ロンドンで持病の腎臓病が悪化して大正6（1917）年亡くなった。享年66であった。

　山尾庸三、井上勝といったわが国の技術官僚のはしりとして位置づけられるパイオニア達は、前述のように"熱い性格"であったこともあって、渡英という当時としては大胆な行動をとりつつも、西欧に追いつけ追い越せという日本の近代化、そして技術教育、工学教育の実現という目的に向かう情熱は人一倍強く、並々ならぬ苦労と努力の末、それを達成したと言える。山尾、井上らの努力は伊藤、大隈、大久保ら"政治的能力にたけた人物"ともうまく組み合わさって、わが国の近代化が実現したと言えよう。その意味では山尾、井上らが"技術官僚であることに徹した"ことが彼らの成功にもつながったと言えるのではなかろうか。

[注]

1　大山達雄、前田正史編著『東京大学第二工学部の光芒－現代高等教育への示唆』東京大学出版会、2014、p.158
2　小倉金之助『近代日本の数学』講談社学術文庫、1979、p.15（原書は新潮社、1956）
3　同書、p.143
4　藤井哲博『咸臨丸航海長小野友五郎の生涯－幕末明治のテクノクラート』中公新書、1985、p.15
5　同書、p.140
6　藤井哲博『長崎海軍伝習所－十九世紀東西文化の接点』中公新書、1991
7　大山、前田編著、前掲書、p.19
8　同書、p.19
9　藤井、前掲書4、p.117

第3章

諸芸学士としての工学教育の元祖
古市公威

◇

　古市公威は姫路藩士の古市孝の長男として生まれた。前章までに紹介した山尾庸三が天保8（1837）年、井上勝が天保14（1843）年でいずれも長州藩士の息子としての生まれであるから、古市は山尾の17年後、井上の11年後に生まれたことになる。古市は諸芸学と呼ばれる、社会における指導的役割を果たすべき人々が身につけておくべき知識を与える学問分野、工学の中でもかなり広範な問題を研究対象とする新たな学問分野をフランスで学んだのちに帰国して、わが国の若者の教育に尽力したことから、工学教育の元祖と評価されている。

出典：国立国会図書館「近代日本人の肖像」

◇

第3章　諸芸学士としての工学教育の元祖 古市公威　　43

幼少期、開成学校入学、パリ留学

　古市公威（1854-1934）は姫路藩ではなく、江戸の藩屋敷で生まれた。このことは彼が当時の日本の中心の江戸で幼少期を過ごし、早くから多くの知的刺激を受け、エリートとして最高学府である開成学校に進学することになり、その後フランスのパリ大学へ留学するのにも大きく影響したと思われる。山尾庸三、井上勝らが長州五傑として密航までして西欧諸国へ視察留学を企てたのに対して、古市はわが国の大学南校を卒業するまで日本で教育を受け、フランスへ留学するという点で、わが国が一つの新たな時代に入ったことを示唆している。

　古市が生まれたのは嘉永7（1854）年で江戸幕府の末期に当たる。時代が明治になったのは1868年であるから、彼が14歳の時ということになる。江戸幕府時代の文久3（1863）年に教育機関として設立された開成所は明治元（1868）年に改称されて開成学校となった。彼はその翌年の明治2（1869）年に開成学校に入学する。このことから彼が日本で教育を受けるのは、15歳の時から明治8（1875）年にパリ留学をする21歳までの6年間ということになる。古市は開成学校に入学するに当たって諸芸学科を選んでいる。諸芸学は"Polytechnique（ポリテクニク）"の和訳であろうが、古市はフランスに留学するに当たっても、諸芸学を専攻している。諸芸学は、社会の中で指導的役割を果たすべき人々が身につけておくべき知識として算術、幾何、歴史、文学といった広範な学問分野、そして技術をも習得するための学問である。昨今、わが国においても文理融合、学際的横断的な教育研究の重要性、必要性が叫ばれていることを考える時、古市は今から150年以上も前の明治維新当時に、そのことを認識していたと言えるのではなかろうか。

『東京大学第二工学部の光芒－現代高等教育への示唆』では、現在の東京大学工学部の源流には大きく2つの流れがあると述べている。[1]その一つの源流は明治4（1871）年に設立された工部省工学寮であり、明治6（1873）年に開学し、明治10（1877）年に改称された工部大学校である。もう一つの流れは、徳川幕府の洋学機関であった開成所を基に作られた開成学校（明治元〈1868〉年）に端を発するもので、大学南校（明治2〈1869〉年設立）から、南校（明治4〈1871〉年）、東京開成学校（明治7〈1874〉年）を経て、東京大学理学部（明治10〈1877〉年）、そして東京大学工芸学部（明治18〈1885〉年）となった文部省直轄機関としての系譜をたどる流れである。

　古市は明治2（1869）年に開成学校に入学するが、そこでかなり高度な知的刺激を受けたであろうことは十分に想像できる。当時の江戸幕府が崩壊し、明治新政府が新たに国の方向付けを担当する中、高等教育のリーダー役を担っていたのは開成所が改称されてできた開成学校、江戸幕府の官吏養成機関として寛政12（1800）年に設立された昌平坂学問所、そして開成所が設立されるのと同時に設立された医学所が明治2（1869）年に改称された医学校である。これら3つの学校は明治新政府の下で明治2（1869）年に大学校と称することになる。開成所には当時の教育文化界のリーダーとして、西周、加藤弘之、神田孝平、津田真道、大村益次郎らが教官として活躍し、わが国の当時の学問水準の高さの維持と西欧からの洋学導入の先駆的役割を果たしていたと言える。

　開成学校は明治2（1869）年に大学南校として改称されるが、古市はその年に大学南校に進学する。進学に際しては、当時各藩から1、2名程度が貢進生として推薦されたため、古市は貢進生として大学南校の諸芸学部に進学し、明治8（1875）年には"Polytechnique"をさらに究めるべく、当時の文部省最初の国費留学生としてフランスの中央

第3章　諸芸学士としての工学教育の元祖 古市公威　　45

工業大学、エコール・サントラル（École Centrale）に派遣され、入学し、明治12（1899）年にはそこを卒業して工学士の学位を得ている。なおエコール・サントラルはフランスの工学技術系エリート養成のための国立高等教育機関であるグランゼコール（国立理工学院連合）の一つであることからも、古市がかなり優秀な学生であったことが分かる。その後古市はさらにパリ大学理学部に入学し、翌明治13（1880）年には理学士の学位を得て卒業している。古市が開成学校、大学南校、そしてフランスのエコール・サントラル、パリ大学といった当時としての輝かしい最高学歴を修めたことは、その後の彼のキャリアに大きく影響したと言えよう。

帰国後の古市―内務省と帝国大学のために

　古市はフランス留学以前から帰国後には日本に技術者養成の大学を作るという"夢"あるいは"使命感"を持っていたようである。古市はパリ大学卒業後に帰国し、明治13（1880）年から内務省土木局に内務技師として勤務を開始する。一方で古市は、翌明治14（1881）年からは東京大学講師を兼任するため、当時弱冠26歳という若さで官僚技術者と大学教官という2つの要職を務めることになる。古市は帰国後6年経った明治19（1886）年に32歳で現在の東京大学工学部の前身である帝国工科大学の初代学長（工学部長に相当）に就任する。さらにその8年後の明治27（1894）年には内務省の初代技監に就任する。このように古市はフランス留学から帰国後は学術界と行政の中で次々と要職を預かることになる。

　古市が帰国した明治13（1880）年には、山尾庸三は43歳、井上勝は37歳であった。山尾は、明治6（1873）年に開学し、4年後の明治

10 (1877) 年に工部大学校となる工学寮の設立にヘンリー・ダイアーと共に尽力し、工部省の運営責任者として伊藤博文工部卿と共に奔走していた頃であった。一方、わが国の鉄道の父と呼ばれた井上勝は、京都－東京間の鉄道ルートを中山道ルートにするか東海道ルートにするかの論争の中で、工部大輔兼工部技監として鉄道事業責任者の調整任務に当たっていた。このように山尾、井上の2人は、政治的な動きと論争に巻き込まれることなく、それらからはある程度の距離を置きつつも技術官僚としての激務に携わっていた。それに対して古市は、フランス留学から帰国後は、技術官僚として、当然のように政治的な動きには関与することもなく、若いながらもただちに学術、教育界に入っていったと言える。これはまさに古市自身が自ら選んだ道であると言えるのではなかろうか。

　古市が初代の工科大学長になったことは、かなり驚きの眼で見られたとも言われている。その背景には、工部大学校と東京大学工芸学部の合併問題があったようである。工部大学校と東京大学工芸学部の間には両者の教育方針に決定的な違いが存在したということである。すなわち、今日でも工学教育の中で重要な課題に挙げられ、かつまた完全な解決案が得られてはいない問題である、「学理理論重視」と「応用実践重視」の間のバランスの問題である。

　明治政府がわが国の工学教育を整備するに当たって工部大学校の存在は大きいと言える。工部大学校は、工部省が所管で英国から招待したお雇い外国人ヘンリー・ダイアーが中心となって、この時期に他の先進国でも存在し得なかった理想的な工学教育を達成した学校として知られており、学理と実践のバランスのとれた教育と今日でも高く評価されている。[2] 工部大学校のカリキュラムの編成を担当したヘンリー・ダイアーは、グラスゴー大学時代にすでに各国のエンジニアリング教育について研究を進めていた。ダイアーの考えは、大陸諸国の

ポリテクニクは学理の教授に走り過ぎるし、イギリスの教育には経験重視の行き過ぎがあるというものであった。そこで彼はこれらの2つの方式の"結合"とも言うべき方式（サンドイッチ方式と呼ばれた）を工部大学校で試みたのである。

明治維新当時の工学教育、高等教育の沿革、概略についての詳細は『工部省の研究』あるいは『古市公威とその時代』[3]を参照されたい。初代教頭として赴任したヘンリー・ダイアーは、エンジニア教育においては、実際の工業の場で実践力を付けることを最も重要視していた。彼はそれに加えて、エンジニアは幅広い教養を身につけていなければならないという考え方であった。工部大学校における教育カリキュラムは、ヘンリー・ダイアーのこのような考え方に基づくものであった。したがって彼が実際に採用したのは、イギリス式実務重視型の実践的教育と、フランス、ドイツ式の理論重視型の体系的教育をうまくバランス、ミックスさせた、いわゆるサンドイッチ方式と呼ばれるものとなった。これはのちにわが国の東京大学第二工学部における教育とも相通じるものである。[4]

東京大学工芸学部の沿革をたどってみよう。明治10（1877）年4月に東京開成学校と東京医学校を合併して東京大学が創設された。東京大学の前身の東京開成学校は、徳川幕府時代の開成所から発展してきたものであって、その後、開成学校（明治元〈1868〉年）、大学南校（明治2〈1869〉年）、南校（明治4〈1871〉年）を経て東京開成学校（明治7〈1874〉年）となったものである。東京開成学校では英独仏の外国語を用いた外国人教師による洋学教育が中心であった。明治8（1875）年には、これらの言語による教授を専門別のカリキュラムに移行する措置がとられ、法学、理学、工業学（以上英語）や諸芸学（仏語）、鉱山学（独語）といった課程が整備された。東京開成学校には法学部、文学部と共に理学部が設置され、理学部内には従来の化学

48

科、工学科（第4学年時に土木学と機械学とに分かれる）の他に地質学、採鉱学科を加えて工学教育の基礎が作られた。

　工部大学校と東京大学工芸学部の合併、そして東京工科大学の創設といった激動、混乱の中、古市が最終的に工科大学長に就任することになった経緯について、『古市公威とその時代』には、次のように記されている。

　"このような混乱の中、菊池大麓は同じ数学を志向しつつも、イギリスの数学を学んでいた自分に対して、フランス流の数学を修め、諸芸学という科学の応用を修め、自身の講義を受け持たせたこともある古市をして、工科大学を治めさせようと、まず、いの一番に考えたのではないだろうか。そこには、工学を各専門に分けてしまわず、一意に考える諸芸学という学問の優位を想定していたのではと推察できる。なぜなら、東京大学の理学部に所属した工学の諸学科は、菊池にとって科学的統合の基にあるそれぞれの学科に過ぎないのであるし、それ（東京大学の伝統）を理解するものに後を任せたいと考えるであろう。"[5]

　工部省は廃止の憂き目にあい、工部大学校も文部省に移管となれば、工部大学校の側に反発が出るのももっともである。旧東京大学の教授が長になるとしても、工部大学校出身者が長になるとしても、対抗勢力の中から長が出ることになり、いずれかに不満が残ることになるため、任せられないという状況であったと思われる。このように工科大学長の人選が「困難」を伴ったのは想像に難くない。こうなると、両組織の中から決定せず、外部から新しいリーダーを迎え入れるしかない。それが内務省に所属する古市であったのではないだろうか。

　工科大学の教育方法について述べよう。基礎と応用に関しては、理学など基礎的な理論と、工学分野の応用的理論の比率を見ると、工科大学で基礎理論の時間数が減っている。[6]専門以外の科目については、

工部大学校と東京大学で極端な違いを見せたと言える。古市の土木学会会長講演で強く主張されたことでもあるが、土木工学専門以外の機械や建築の知識を多く教えていたということである。古市は会長講演の中で「フランスのカリキュラムでは機械、土木、冶金、化学の4専門を設くれども学生は一般に各学科の講義を総て聴聞せざるべからず。……この制度たる学校創立の時代に在っては兎も角も今日に於ては一見無理しにて時勢に適せざるものの如し」と述べ、今日では専門の学術が進歩したため学ぶことも多く、昔のように全科目を修めることは難しくなっていると認めている。しかし根底には"工学はひとつである"との考えを持ち、特に土木工学では他の分野を知るべきだと主張するのである。工学以外の科目については、人文科学として、工業経済と土木行政法が登場している。行政法は土木だけで、経済は他の学科にも設置されている。これらは、東京大学と工部大学校のどちらにも存在しなかったもので、帝国大学の発足により工学の分野に入ったものである。古市はパリ大学で数学と共に政治経済学を重点的に学んできていた。つまり古市の判断が強く作用していると言える。このように、工科大学の教育指針は諸芸学を目指した講座案がカリキュラムの編成に当たっては考慮され、鮮明に諸芸学的な古市の工学観を見ることができる。

『古市公威とその時代』には、以下のように記されている。"特に社会科学系の「工業経済・法律」の講座は、一度は文部省に認められたものの、最終決定で設置を見なかった。今日的視点で考えると、これらの講座は計画系の講座に位置すると考えられるが、この時期（明治26〈1893〉年）に社会科学系の講座を工科大学の中に持つことになれば、以降の工学と社会科学の関係は、より深い結びつきで推移できたと思える。"7

　日本の計画系の研究は戦後にアメリカからのOR（オペレーション

ズ・リサーチ）の導入から始まったが、立ち上げ時のこれへの傾斜が計画系の研究の発展を、一定の狭い枠の中に押し込めたことは否定できない。明治から始まる工学と社会科学の結びつきは、百花繚乱の多くの日本的社会工学の研究を生み出していたに違いない。返すがえすも惜しいことであった。このことについて大淀は『技術官僚の政治参画—日本の科学技術行政の幕開き』の中で、講座制確立の直後に文官任用令の公布がなされている点に注目し、「国家経営の指導者養成という役割は、帝国大学法科大学がもっぱらひきうける」ことに至ったと指摘する。[8]古市の描いた国家における技術者の割役は、望む形には至らず、狭い技術的な枠内に押し込められることになった。その原因の一端をここに見ることができると言える。

技術官僚としての古市

　幕末から明治維新にかけてわが国が日本という新しい近代的統一国家を作ろうと必死になって努める中で、お雇い外国人が果たした役割と貢献は非常に大きい。彼らの協力がなければ、わが国の産業政策、国家建設、人材育成もかなり遅れることになったことは事実であろう。イギリス人を中心として約1万人近いお雇い外国人が日本政府内におり、そのうち約3分の1が当時の工部省およびその後身とも言える逓信省に働いていたようである。しかしながら、お雇い外国人には特別の給与が支払われ、高待遇を与えられるものの、彼らには何事にも政治的指揮権、最終議決権を与えられることはなく、日本人監督官の下で働かざるを得なかったこともあって、彼らは明治元（1868）年頃から次々と帰国することとなった。そのような中で、技術官僚を日本人に置き換えるという動きに応えたのが古市ら海外で学んだエリート達

第3章　諸芸学士としての工学教育の元祖 古市公威　51

であった。

　明治 26（1893）年から明治 29（1896）年にかけての 6 年間、古市の
職名は補工科大学長となり、学長としての多忙さからは逃れられたよ
うである。そのような中、明治 27（1994）年には土木技監に任命され
る。内務省関連の業務は多忙であったようであるが、忘れてならない
のは、彼の技術官僚、土木技術者としての経歴、業績は、当時の軍事
政治家、内務大臣、そして総理大臣にまで上り詰めた "明治日本の象
徴" とも言うべき山縣有朋を抜きにしては考えられないということで
ある。山縣は天保 8（1838）年に長州藩の萩に下級武士の子として生
まれ、攘夷思想家である吉田松陰の塾で学んでいる。彼は最初は尊王
攘夷思想家として奇兵隊を指揮するなどの活躍をしているが、元治元
（1864）年の長州藩と米英仏欄の四国連合との戦いで敗れて以降、戊
辰戦争時には官軍側の参謀として戦ったようである。その後彼は国民
皆兵を目指しつつ、日本の軍隊を整備、近代化することに尽力するこ
とになる。山縣が明治 10（1877）年の西南戦争時には征討軍参謀とし
て戦い、その後軍人勅諭の制定に尽力する中、古市は明治 13（1880）
年フランスから帰国し、内務省勤務をしている中で山縣と出会うこと
になる。

　技術官僚としての古市は初代土木技監として、主に土木行政に携わ
り全国の河川治水、港湾整備、土木法規の制定など技術、行政上の事
務的処理にも大いに能力を発揮したため、近代土木界の最高権威とま
で呼ばれた。古市は公平無私で、かつ学生の面倒見もよく、人望も
あったため、日本工学会の初代会長も務め、わが国の工学技術の国際
的評価を高めるのにも大きな貢献をしたと言われている。内務省に技
術官僚として奉職した古市が土木行政に携わった後、鉄道行政に携わ
る契機となったのは、内務省官僚として鉄道作業局と軌道条例を共同
所管していたことから、電気鉄道会社が路線特許を出願した時に古市

52

が内務省逓信次官としてそれを可能にする対応をしたことであった。つまり当時の軌道条例は馬車鉄道や路面電車などの道路上を走行する交通機関を前提としていたため、当時の阪神電気鉄道が特許出願をしてきた際に鉄道作業局で却下されたため、逓信次官としての古市が動いて、ほとんど道路との併用区間のない高速電気鉄道を軌道条例の適用対象とする特許出願の法的根拠を与えたのである。「線路のどこかが道路上にあればよかろう」という古市の見解に基づいた決定であるが、この見解はその後のわが国の鉄道路線網形成に重大な影響を及ぼすことになった。その後軌道条例は廃止され、大正10（1921）年に軌道法として公布、大正13（1924）年に施行されることになる。軌道法第3条では一般公衆の運輸を営むことを目的とする軌道事業は特許を受けなければならないとされている。その後昭和61（1986）年に交付された鉄道事業法では、鉄道事業については特許ではなく許可であるとしているが、実際上はほぼ同一のものである。鉄道事業法はわが国の策道事業等の運営について規定する法律であるが、日本国有鉄道の分割民営化に伴い、従前の日本国有鉄道法、地方鉄道法、索道規則に代わって制定された日本の鉄道事業を一元的に規定する法律である。

　古市は内務省土木局の責任者として、土木行政の中心的役割を果たしつつも、鉄道行政にもかなり力を注ぐことになり、明治36（1903）年には当時の国有鉄道網を管轄していた鉄道作業局の長官に就任している。この年は日露戦争が勃発する前年ということもあって日露関係は緊張の度合いを高めており、古市は韓国に派遣され戦時中の物資補給路としての京城と釜山を結ぶ鉄道工事を担当する京釜鉄道の官選総裁に着任する。古市は日露戦争後も韓国に留まり、韓国統監府鉄道管理局長官の任務を果たした後、明治40（1907）年に帰国する。その後も古市は鉄道行政に携わり、ヨーロッパ視察後、わが国の地下鉄建設支援に奔走する。古市は大正9（1920）年に日本最初の地下鉄会社の

第3章　諸芸学士としての工学教育の元祖 古市公威　　53

東京地下鉄道株式会社の初代社長に迎えられ、東京地下鉄道の経営に大いに貢献することになる。

　以上から分かるように、古市の技術官僚としての業績の中核は、前半は土木行政、後半は鉄道行政ということになるであろうが、いずれにしても次節にも述べるように、彼が行政面に限らず、わが国の学術、工学教育の発展にも大いに貢献したことを考えると、超エリートたる彼の能力の一部を行政の仕事の中で示したに過ぎないのではないかという気がするのである。

　古市は第2次山縣内閣の時には逓信次官となり、山縣閥の第1次桂太郎内閣の時には鉄道作業局長官を務めている。しかしながら彼は、政党人による猟官運動に嫌気がさしたこともあって、明治31（1898）年第1次大隈重信内閣が成立した時に、土木技監、土木局長、工科大学教授、工科大学長をすべて辞した。日露戦争後の明治39（1906）年には初代総督府統監伊藤博文の下で朝鮮総督府鉄道管理局長官となったが、翌年免官となり、ここで技術官僚としてのすべてのキャリアを終えることになった。

工学教育者としての古市

　古市の工学教育思想は、諸芸学に出発点を置いていることから、「工学はひとつ」「工業家たるもの全般の知識を持たなければならない」という信念に基づいていた。ここにあるのは、各専門がクロスオーバーに知識を持つことで、広範な工学の知識体系を会得することがうたわれている。東京大学理学部工学科のカリキュラムは、科学の応用としての工学の基礎学問、理学的科目の部分に重点が置かれていた。一方、工部大学校のカリキュラムで主張され、今日的に高く評価され

る思想は別の視点である。技術家の育成には座学による理論の摂取と実地演習による実践の経験とが必要で両者はバランスよく配置されるべきであるとの主張である。

　古市が工科大学長として大学を運営するに当たって残した教育と研究に対する考え方と実績がその後のわが国の高等工学教育に及ぼした影響は大きい。古市は「工学はひとつ」という諸芸学的な工学観から、すべての領域について知識を有している技術者を理想とした。このため、教育に関しては1つの専門領域に限定することなく、それ以外の領域を含めることを進めていった。

　工部大学校と東京大学工芸学部の合併に際しての調整の中で古市は、工部大学校のカリキュラムに対しては、講義と実習のバランスを工部大学校のものに近づけた上で、いくつかの専門をより広く総合的に学ぶことを勧め、またそれまでの東京大学のカリキュラムに、理工系の範囲にとどまらず、社会に応用されることを目指すため、人文社会科学の領域も含めた理論の構築を試みた。古市は、「工学はひとつ」の実現のために工学の基礎領域とされる分野の充実を図ったのである。

　専門間で共通の基礎分野および社会科学の講座を設置し、諸芸学的な工学の教育研究システムを構築しようとする古市の意図は文部省の入れるところとはならなかった。さらに、統合的な工学理論を作る素地になり得た、これらの講座は実現することなく、工科大学は専門ごとに細分化された講座ごとに運営され、古市の望んだ方向とは別の道を歩むこととなった。しかしながら、最近では学際領域、複合領域、横断型科学の重要性とそれらの充実、といった今日のわが国の工学教育で求められている新分野や新領域、そして大学組織のありようを考えるに際して、古市が目指していた理想はある意味で将来を見越したものであったし、また現代のわれわれが彼から学べることは大きいと言えるのではないだろうか。

第3章　諸芸学士としての工学教育の元祖 古市公威　　55

古市が技術官僚として土木行政に携わり、全国の河川治水、そして港湾の修築、整備に力を注ぎ、大きな業績、成果を挙げたことは事実である。さらに古市は、鉄道行政においても高速電気鉄道の特許出願問題を解決し、京釜鉄道の総裁、そして東京地下鉄会社の経営と顕著な業績を上げたのは前述の通りである。古市の技術官僚としての輝かしい業績に加えて、工学教育者としての貢献が偉大なものであったことは、彼が工科大学長、土木学会会長、工学会の会長のすべてを務めたことからも十分に察せられる。明治19（1886）年3月に、勅令「帝国大学令」の第1条「帝国大学ハ国家ノ須要ニ応スル学術技芸ヲ教授シ及其蘊奥ヲ致究スルヲ以テ目的トス」という有名な一節と共に帝国大学が発足し、同時に帝国大学工科大学が設置された時、初代学長となったのが古市公威であった。彼がその時、わずか32歳の若さであったということは、当時の高等教育界において、彼のような西欧の大学で専門教育を受けて生きた人材がいかに必要とされていたかを物語っていると言えよう。

　帝国大学工科大学は帝国大学令第2条にあるように、「帝国大学ハ大学院及分科大学ヲ以テ構成ス大学院ハ学術技芸ノ蘊奥ヲ致究シ分科大学ハ学術技芸ノ理論及応用ヲ教授スル所トス」と定められた。わが国に新たな高等教育機関として大学院を置くことによってそれぞれの研究分野の研究者、大学教員を養成することが初めて宣言されたのが、この帝国大学令だったと言える。

　わが国の工学教育の基礎を築いたのは、明治4（1871）年に工学技術官僚の養成学校として設立された工部省工学寮と言える。山尾庸三は初代の工学寮長官であったが、ヘンリー・ダイアーの構想の中にあった高度な工業技術者を育成する教育機関の実現を目指し、工学寮を改称して、明治10（1877）年に工部大学校を開校した。工部大学校は1885（明治18）年に東京大学工芸学部と合併し、翌明治19（1886）

年に帝国大学が創立されると、帝国大学工科大学として発足することになった。帝国大学では、行政官僚であった渡辺洪基が、38歳の若さで初代総長となった。渡辺洪基は福沢諭吉に師事して慶応義塾を卒業し、20歳の時に戊辰戦争において幕府側に加わり、敗者側となっている。ちなみに、初代工部大学校長となった大鳥圭介、そして新たな明治新政府のために働いた榎本武揚、渋沢栄一、田口卯吉らはすべて戊辰戦争に敗れた幕臣達である。このことは当時の日本の状況を表す事実として興味深い。敗戦経験によって何かを学び、何か新たな認識を得、それが彼らをわが国の技術者教育、産業振興に向かわせる契機となったと言えるのではなかろうか。渡辺は明治4（1871）年に岩倉使節団に随行して欧米を視察後、明治新政府のために働くことになる。渡辺洪基は東京帝国大学初代総長となった明治20（1887）年に、工手学校（現在の工学院大学の前身）を築地に設立する。[9]工手学校の「工手」とは中堅工業技術者として専門技術者を補助する人達を意味するが、当時の日本にとって、養成する学校が必要であるという意識の下に、工手学校は新たな中堅技術者の教育機関として設立されたものである。工手学校を設立するに際して渡辺洪基は、帝国大学工科大学の建築学科教授の辰野金吾と共に尽力することになった。

　工手学校の初代の管理長は渡辺洪基（開成所出身）であったが、明治34（1901）年に古市公威は渡辺の意向を受けて第2代管理長となった。この時、古市は46歳であったが、彼はその後30年余の間、工手学校の発展に尽力することになる。古市は大正3（1914）年に創立された土木学会の初代会長となる。土木学会が創立される以前は、土木工学者は日本工学会（明治12〈1879〉年設立）に所属していたが、古市は明治33（1900）年から学会副会長を務めている。工学諸分野の技術者の学会としての日本鉱業会、建築学会、電気学会、造船協会、機械学会など多くの学会が分離独立していく中で、古市は土木学会を独

立して設立することには消極的であったと言われている。[10]それは工学諸分野における過度の専門分化を否定し、工学の総合性を求めるという彼の理念に基づいていたと言われている。このことは、まさに彼が若い時に開成学校、そしてフランス留学で身につけた諸芸学という広範かつ総合的な学問体系に由来するものと思われる。しかしながら、土木工学者による新たな学会設立の要望がかなり強かったこともあって、結局、古市は土木学会設立を受け入れ、大正 3（1914）年に開催された土木学会発起人総会で初代会長に就任することになる。古市は就任講演の中で、"過度の専門分化によって会員が専門性のみに安住していては、土木の本来性が失われる。土木が土木たる所以である総合性を保つべきである"と述べている。土木工学の原点を突いた、示唆に富む、そしてまた現代においても十分に通用する言葉であると言えよう。

古市の功績

　姫路藩の江戸屋敷で生まれ、開成学校、大学南校、そしてフランス留学という当時の最高とも言うべきエリート教育を受け、技術官僚としてのキャリアでスタートした後、大学教育、中でも工学教育に人生を捧げたとも言うべき古市公威の性格は公平無私、そして慎重かつ几帳面であったと言われている。彼の経歴、業績から見てもこのことは十分うかがわれることであるが、学者肌の古市にとっては政治的な駆け引き、取り引きとは無縁で、かつ実業界とも適度な距離を保ちつつ、ひたすら日本のため、公共のため、社会のため、そして若い人材養成のために尽力し、人生を捧げたと言えるであろう。

　古市が諸芸学（Poloytechnique）を学んだことは彼の経歴、キャリ

ア、人生にも大きく影響していると思う。筆者は『東京大学第二工学部の光芒－現代高等教育への示唆』の中で次のように書いた。"新渡戸稲造は明治16（1883）年に東京大学に入学し、英文学、理財学、統計学を学ぶことになる。新渡戸稲造の有名な言葉とされる「われ太平洋の橋とならん」は、彼が東京大学文学部に入学する時の面接の中で、外山正一教授に対して、「経済、統計、政治学、そして最終的には農政学をやりたいが、ついでに英文学もやりたい」という意思表示と共に述べたとされている。理系、文系と明確に分類あるいは分離される現代からは想像できない意思表示であろうが、東京帝国大学工科大学の初代学長で工手学校第2代管理長を務めた古市公威がフランスで学んだ「ポリテクニク（諸芸学、Polytechnique）」を連想させる表現である。このようないろいろな学問分野を横断的に学ぶということは、現代のように学問分野が細分化され、それぞれ深化されている中では容易ではないかもしれない。しかしながら、我々の人間社会に対して影響を及ぼす知識人、政治家、リーダーたる者として必須のものであろう。あるいはそれに限らず研究者の場合にも、瀬藤象二教授が東大第二工学部長として主張されたものの中にそれがうかがわれる。異なる分野の学問にもそれを受け入れ、興味を持ち、学ぶことが重要であるということがまさにこれに当たると言える。明治初期のように、日本が科学技術分野において西欧にかなり遅れを取っていることが明白になり、多くの知識人が西欧に追いつこうとしている中、新渡戸稲造、三浦梅園、南方熊楠といった博学多才な人材が輩出したのは、ある意味で必然だったのかもしれない。[11]

　新渡戸のこのような考え方は、古市ともかなり共通するところがあるのではなかろうか。古市が技術官僚として各種の行政案件に携わる中でも、彼が身につけた知識と教養に基づいて、政治的な駆け引きに取り込まれることなく、ひたすら工学教育、技術教育、そして若い人

材の養成のために尽力した姿に、彼の考え方が反映されている気がするのである。

　古市は昭和9（1934）年1月に満79歳で亡くなった。彼の像は東京大学本郷キャンパス内の正門を入って左側、工学部6号館前の広場に建てられている。最後になるが、筆者が初めて古市公威の名前を見た時に思い出したのは、作家三島由紀夫の本名が平岡公威で古市と同名であることであった。まさかつながりはあるまいと思っていたのが、公威の名は三島の祖父である平岡定太郎が彼の恩人である同郷の古市公威にあやかって命名したことを知った。[12]少しの驚きと納得の気持ちがしたことを最後に記しておきたい。

［注］

1　大山達雄、前田正史編著『東京大学第二工学部の光芒－現代高等教育への示唆』東京大学出版会、2014、p.2
2　同書及び柏原宏紀『工部省の研究』慶應義塾大学出版会、2009等参照
3　柏原、前掲『工部省の研究』及び『古市公威とその時代』土木学会、丸善、2004
4　柏原、前掲『工部省の研究』参照
5　前掲『古市公威とその時代』、p.88
6　同書、pp.89-104
7　同書、p.100
8　大淀昇一『技術官僚の政治参画―日本の科学技術行政の幕開き』中公新書、1997
9　茅原健『工手学校－旧幕臣たちの技術者教育』中公新書、2007（原書は新潮社、1956）
10　「古市公威とその世界　土木学会創立と古市公威」社団法人土木学会、http://library.jsce.or.jp/Image_DB/human/furuichi/nen/n00.pdf
11　大山、前田編著、前掲書
12　平岡梓『倅・三島由紀夫』文春文庫、1996

第 4 章

"港湾工学の父" と呼ばれた
実務家で教育者
廣井勇

◇

　廣井勇の姓は廣井が正しいようであるが、本稿では読み易さ等を考慮して、すべて広井と表記することをお許しいただきたい。広井勇は工部大学校に入学した後、札幌農学校に転校して内村鑑三、新渡戸稲造、宮部金吾らと共に2期生となり、土木工学を学んだ。卒業後は開拓使、工部省に土木技術者として働き、のちに単身米国に渡り土木実務家としての経験を積んだ。帰国後は札幌農学校助教授として全国の港湾整備に努め、さらに東京帝国大学教授として工学教育に尽力し、多くの弟子を育てた。

出典：故広井工学博士記念事業会編『工学博士広井勇伝』,
工事画報社，1940 年 . 国立国会図書館デジタルコレクション https://dl.ndl.go.jp/pid/1172592（参照 2024-08-14）

◇

幼少期から札幌農学校進学まで

　広井勇が生まれたのは文久2（1862）年であるから、古市公威より
は8歳年下ということになる。彼は土佐（現在の高知県）の筆頭家老
深尾家の家臣広井喜十郎の長男として生まれたが、幼少期は土佐の藩
校名教館で儒学者伊藤蘭林について学んでいる。蘭林は広井の曾祖父
である広井遊冥がかつて名教館で儒学や和算を教えていた時の弟子で
あった。ちなみに、日本の植物学の権威で“植物学の父”とも呼ばれ
る牧野富太郎も広井と同郷で、名教館で共に学んでいる。広井が土佐
で過ごした幼少期は嘉永7（安政元、1854）年に起こった安政南海地
震の被害がまだ残っていたようで、彼は後になって津波が来た時に堤
防がいかに役に立ったかという話を記している。この幼少期の記憶は、
のちに彼が土木工学を学び、“港湾工学の父”とまで呼ばれることに
なる契機となったのかもしれない。

　広井は9歳の時に父と死別するが、11歳で上京し、叔父である男爵
片岡利和の邸宅に書生として寄宿しながら工部大学校予科へ入ってい
る。広井は真面目で優秀な学生であったようである。16歳の時、工部
大学校の学費方針変更を受けて、全額官費で生活費も支給されるとい
う札幌農学校に入学を決めている。

　明治初期当時のわが国に、いわゆる専門学校がいくつか誕生した。
代表的なものは開拓使が設立した札幌農学校と、内務省勧業寮の農事
修学場を前身とする駒場農学校であった。前者は明治5（1872）年に
東京芝の増上寺に開設された開拓使仮学校を前身とするもので、明治
8（1875）年から札幌に移転し、札幌学校と改称されたが、翌明治9
（1876）年には農業技術者養成を目的として札幌農学校と再び改称さ
れ、そこで専門教育を行った。教頭（実質的には校長）として赴任し

た「少年よ、大志を抱け，"Boys, be ambitious"」の言葉でよく知られているウィリアム・クラーク（William S. Clark）は、アメリカのマサチューセッツ農科大学学長を務めた人物で、札幌にはわずか8か月という短い滞在であったにもかかわらず、本学の在校生に大きな影響を及ぼすことになった。ここからの卒業生として、1期生としては、のちに北海道帝国大学の初代総長となる佐藤昌介、札幌農学校講師でのちに実業家として活躍する渡瀬寅次郎などがいる。また2期生としては、教育者で『武士道』の著者として有名な新渡戸稲造、キリスト教思想家で『余は如何にして基督信徒となりし乎』（"How I Became a Christian"）の著者として有名な内村鑑三、土木工学の広井勇、植物学者の宮部金吾など著名な学者が輩出した。そして3期生としては、各市県の市長、知事を務めた高岡直吉、英語教育者の佐久間信恭など、4期生では国粋主義者の志賀重昂、衆議院議員となった早川鉄治などがいる。このように札幌農学校卒業生から多士済々、各分野で活躍した人材が輩出した背景には、知識のみを与える教育だけに限らず、人格教育、学習環境、人間関係、師弟関係といった辺りでもわれわれの未だ気づいていない何かがあったに違いないと思えるのである。

　後者の駒場農学校も札幌農学校と同様に、農業技術者養成を目的として設立された。これらの専門学校はのちにわが国の帝国大学へと昇格するが、いずれも文部省管轄ではなく、それぞれの役所（札幌農学校の場合は開拓使、駒場農学校の場合は内務省）の官僚を養成することを目的としていたという共通点を有している。一方では、札幌農学校の場合、英語のみで外国人教師による教育を行ったのに対して、駒場農学校では通訳を通じて教育を行った点が大きく異なる。札幌農学校からは、のちにわが国の学界、官界、政界において多くの業績を残した著名学者が輩出したのに対して、駒場農学校からはそのような著名な学者は輩出しておらず、当時においてすら駒場農学校においては、

イギリスから来日したお雇い外国人教師の成果が上がっていないことから、明治13（1880）年にはドイツ人教師に切り替えられることになった[1]というのは興味深い。札幌農学校では、外国人教師による英語のみの教育であったことから、学生達はかなりの猛勉強を強いられたと言われている。これらの2つの代表的な当時の専門学校の教育の在り方の違いは、今日における高等教育の在り方に対して一つの示唆を与えていると言えるのではなかろうか。

　広井は札幌農学校では内村鑑三、新渡戸稲造、宮部金吾らと共に2期生となった。教頭には前年帰国したウィリアム・クラークに代わって、その愛弟子であるウィリアム・ホイーラー（William Wheeler, 1851-1932）が着任していた。ホイーラーは当時20代半ばの土木技術者であったが、土木工学、数学、英語などを学生達に教える中、わずか3年の任期の間に、今も残る札幌市時計台（旧農学校演武場）や、木鉄混合トラス構造の豊平橋を設計するなど活躍した。ホイーラーに限らず、多くの外国人教師達が国籍を越えて自らの任務に真摯に取り組む姿は、わが国への大きな貢献であったと同時に、広井をはじめとする多くの札幌農学校の若い学生達の将来の進路に大きな影響を与えたと言えるであろう。

　広井の在学中の明治10（1877）年、広井ら同期生6人は函館に駐在していた宣教師から洗礼を受けてキリスト教に改宗した。広井は彼らの中でも非常に熱心な信者であったが、ある日内村鑑三に「この貧乏国に在りて民に食べ物を供せずして宗教を教うるも益少なし。僕は今よりは伝道を断念して工学に入る」と宣言し、内村らに伝道を託したという。[2]これを契機に広井は土木工学への道を進むことになる。

米国での土木実務体験と
実務家土木工学者広井の誕生

　明治14（1881）年に札幌農学校卒業後、広井の実務家としてのキャリアが始まる。広井は官費生の規定に従い開拓使御用掛に奉職する。その後媒田開採事務係で鉄路科に勤務し、北海道最初の鉄道である官営幌内鉄道の小樽－幌内間工事に携わり、初めて小規模の鉄道橋梁の建設を行った。翌明治15（1882）年開拓使の廃止に伴い工部省に移り、鉄道局で日本鉄道会社の東京－高崎間建設工事の監督として、荒川橋梁の架設に当たった。

　翌明治16（1883）年、広井は単身私費で横浜港からアメリカ合衆国に渡るが、彼のアメリカでの土木工学実務家としての経験は、その後の彼の経歴と人生体験に大きく影響することになる。彼の恩師ホイーラーらの紹介で中西部セントルイスにあった陸軍工兵隊本部の技術者として採用され、ミシシッピー川とミズーリ川の治水工事に携わった後、チャールズ・シェイラー・スミス（Charles Shaler Smith）の設計事務所で橋梁設計に従事している。セントルイスにあったこれらの職場は、当時世界最長の大規模橋梁であったアーチ橋のたもとにあり、広井自身も強い印象を受けたようで、スミスが亡くなった後も、広井は南部バージニア州のノーフォーク・アンド・ウェスタン鉄道（Norfolk and Western Railway）に移って土木技術者として働いている。広井はこのようにアメリカにおける自らの労働経験をもとに、橋梁建築についての多くの実例を含む英文の技術書『プレート・ガーダー・コンストラクション（Plate-Girder Construction）』[3] を刊行している。当時、広井は26歳であるので、彼はかなり若い時にこの著書を執筆したことになる。この著作は理論から実践的な標準設計までを広

第4章　"港湾工学の父"と呼ばれた実務家で教育者 廣井勇　　67

範囲に扱った内容であることから、アメリカの大学で教科書として長く使用され、1914年には5刷が出るほど好評であったと言われている。

　広井が米国から帰国した後の明治20（1887）年には、彼の母校札幌農学校から、道庁への移管に伴って新設される工学科助教授への就任要請を受ける。彼はドイツのカールスルーエ大学に1年間、シュトゥットガルト大学に半年間留学して土木工学と水利工学を研究、土木工師の学位を得ている。広井は明治22（1889）年に帰国し、札幌農学校工学科の教授に就任する。札幌農学校では講義は英語中心で行われており、当時の工学科では卒業研究の題材に、道庁で実際に企画されている土木事業が選ばれていた。したがって研究成果はそのまま事業に生かされるなど、道庁土木機関のいわば現代版シンクタンクとしての機能も果たしていたと言える。こうした中から、教育者広井の弟子である岡崎文吉は、札幌農学校助教授を経て、明治31（1898）年に北海道庁技師として任ぜられる。岡崎は、石狩川大洪水の対策として内務省が設置した北海道治水調査会の中心メンバーとなり、過去の洪水のデータや海外の治水事情を参考にして明治42（1909）年、「石狩川治水計画調査報文」を提出した。この報告文では、岡崎は自ら「自然主義」と称したように、蛇行する川の流れをそのまま生かしながら、水防林や堤防によって護岸を補強し、放水路によって洪水調整を図ろうとする、いわゆるアメリカ方式の治水方法を提起、採用し、多くの業績を上げた。ちなみに岡崎文吉は、15歳（17歳であったのをごまかしたとも言われている）で札幌農学校に入学しているから、札幌農学校では広井よりも1年先輩でありながら、のちに広井の下で学び、21歳で札幌農学校助教授となっている。当時の各人のキャリアパスがまさに各個人の自由な意志に基づいて、それを実現する気力と能力のある人間が次々に個人の夢を実現するという時代であったことが分かる。

港湾整備の功績と港湾工学の祖としての教育者

　広井は明治 22（1889）年頃からわが国各地の築港に励むことになる。最初に、秋田の実業家で衆議院議員の近江谷栄次に招聘され、当時土崎港と呼ばれた、現在の秋田港の築港整備を手掛けた。改修が完了するのは 13 年後であったが、広井の功績は大きく、秋田港には現在も「廣井波止場」の名称がつけられ、彼の功績を讃える石碑が建っている。その後、広井は明治 23（1890）年からは北海道庁技師を兼務し、函館港の築堤に携わった後、明治 26（1893）年には小樽築港事務所長に就任し、小樽港開港に向けた整備に従事する。札幌農学校が文部省に移管されたことによって工学科が廃止され、広井は技師専任として仕事を続けることになった。小樽港開港に向けては、冬の激しい波浪に耐えられる岸壁を築くべく、広井の献身的な尽力によって、火山灰を混入して強度を増したコンクリートを開発した。さらにそのコンクリートブロックを傾斜させ並置する「斜塊ブロック」という独特な工法を採用し、明治 41（1908）年 1,300m に及ぶ日本初のコンクリート製長大防波堤を完成させる。設計の際に用いた波圧の算出法は、広井公式と言われ現在も使われている。広井が明治 26（1893）年に技師専任となったことがこのような彼の実績を可能にしたと言えよう。広井によって秋田港、小樽港、函館港等の築港、整備が完了したのに対して、当時の土木界の泰斗古市公威は感服し、古市の推挙によって広井は、学外出身にもかかわらず工学博士号を得て東京帝国大学教授となる。大正 8（1919）年には土木学会の第 6 代会長となり、広井は以後土木工学会で若手人材の育成に尽力することになる。東京帝国大学教授としての広井の業績は多大で、港湾工学を中心とする土木工学における多くの学術論文、著書が高い評価を得ている。加えて彼が多くの

有能な弟子を育て、彼らが国内に限らず国際的にも顕著な活躍を果たし、貢献したことは注目に値する。東大第二工学部卒の高橋裕氏は「近代土木の先駆、広井勇の最大の功績」の中で講演記録として広井勇の弟子について詳細に述べている。[4] 広井は東京帝国大学教授として若い土木工学者を育てる中で、青山士（あきら）、八田與一、宮本武之輔、石川栄耀（ひであき）ら、20年以上にわたり錚々たる逸材を送り出し、そのうちの多くが海外へ雄飛している。学生への指導は厳しくも懇切で、教育者としての評価も高かったと言われている。高橋裕氏は第二工学部の思い出、土木工学教育、高等教育について多くを語っている[5] ことを付け加えておく。

　青山士は一高時代から教会に通い、内村鑑三の影響を大きく受け、人生いかに生きるべきかについて悩んでいたようである。内村鑑三は明治22（1889）年教会での講演「後世への最大の遺物」の中で「人生いかに生きるべきか、最も近い道は土木技術者になることだ」と書いている。[6] 内村鑑三は河川の土木の現場などを直接見た上で、さらにまた、土木事業は将来にわたって彼らの子や孫時代に役立つ大事な仕事だと考えていたようで、このように書いたようである。内村の講演は青山が一高に入る前であったが、青山はその考えを読み、直接いろいろ教えてもらっていたようで、青山が土木技術者になると考えたきっかけは内村鑑三にあったのではなかろうか。内村と話をしている間に「そうか君は土木技術者になりたいか、それなら東大の土木工学に行きなさい。そこには僕の同級生の広井勇君がいるから、そこに行って薫陶を受けなさい」と言ったとのことである。広井が札幌農学校時代に内村の影響を受けてキリスト教の洗礼を受け、その後土木技術者になることを決心したのと同様のことが、のちに広井の弟子となる青山と内村の間に起こったことは運命的で、しかも興味深いことである。

　青山は、人生いかに生きるべきかについて悩んだ末、土木技術者と

なるため、東大に入学した。彼は明治36（1903）年に大学を卒業した後、ただちにパナマに渡っている。青山にとっては、何か人類のためになる仕事をやりたいと思っていたところに、工事が中断となっていたパナマ運河行きを思いつき、広井からのパナマ運河建設委員会メンバーの教授への推薦状だけをもって出かけたようである。教授の下でのアルバイト生活の後、パナマ運河で7年半も過激な工事に携わることになる。高橋氏は講演の中で、青山は「広井勇の超国際的発想」の下で「自分は人類のために仕事をするという信念に基づいてパナマ運河工事に従事したのであるから、過酷な環境の中での仕事であったとしても、彼はきっと満足だったに違いない」と述べている。パナマでの7年半を終えて帰国した青山は、荒川放水路を作り、その後、新潟土木出張事務所長として信濃川の大河津分水を建設した。そして昭和6（1931）年6月の完成式で石碑を立て「万象ニ天意ヲ覚ル者ハ幸ナリ。人類ノ為、国ノ為」と書いている。高橋氏はやはり講演の中で、この石碑が土木に関する記念碑で最も優れたものだと思うと述べている。さらに高橋氏は講演の中で、青山の晩年に青山宅を訪れた時のことを述べている。青山の書斎には、内村鑑三全集とシュヴァイツァー全集が置いてあったこと、そして「なぜパナマに行く気になったのですか？」と聞いたら、「広井先生の影響だよ。若気の至りだよ」と照れていたと。まさに青山の性格、人生観を表すエピソードである。

　明治43（1910）年に土木工学科を卒業した八田與一もただちに台湾に渡っている。台湾のために土木技師として働くという信念の下に烏山頭ダムという当時の東洋一のダム建設に尽力した。多くの台湾の人々を洪水と渇水と塩害から救った功績は台湾人からも高い評価を得たが、彼はそのまま余生を台湾で過ごし、まさに台湾に骨を埋めたのである。「一度行ったら、現地人のために働くのが土木技師」という彼の信念は広井精神に通じるものである。八田與一は広井精神の忠実な

信奉者であり実現者であったと言えよう。

　明治45（1912）年に土木工学科を卒業した釘宮磐は、関門海底トンネル工事の初代所長として世界最初の海底トンネル掘削を完成させた。高橋氏は第二工学部学生の時に釘宮の講義を受けている。第二工学部では現場からの技術者等を講師として招聘していたが、講義内容は覚えていないものの海底トンネル掘削の体験談が面白かった、特に釘宮は外国の話をよくして、外国のことを勉強するようにと広井に言われたことを学生達に話したと述べている。

　広井のもう一人の著名な弟子として、大正7（1918）年に土木工学科を卒業した石川栄耀がいる。石川は都市計画の大家として知られているが、彼の考え方の基本は「人々を愛すること、そして都市を愛すること、それが都市計画の基本である」ということであった。石川は夏目漱石を愛読し、寄席に足繁く通い、盛り場研究の第一人者と呼ばれ、新宿歌舞伎町の命名者とも言われている。自分の専門以外の人々との付き合い、つながりを大事にしつつ、学問的にも広く学ぶことを自ら実践した広井の後継者の一人が石川であると言えるのではなかろうか。高橋氏は第二工学部時代にやはり石川の講義を聞いている。石川の講義は教室内を歩き回り、黒板は使わず、学生にノートを取らせずに、家に帰ってから覚えていることをメモするようにと、かなり個性的なものだったと述べ、視野の広さ、ものの考え方の基本を学んだと高橋氏は述べている。

　広井の東京帝国大学土木工学科卒業の弟子には、ここに挙げた以外にも大正3（1914）年卒業の久保田豊、大正2（1913）年卒業の田中豊、大正6（1917）年卒業の宮本武之輔など、わが国のその後の発展に大きな貢献をした錚々たる人材が輩出している。広井が東京帝国大学教授として学生という若手人材を育て、教育する中で、彼のそれまでの経験、功績、人生観、人生哲学、そして価値観が若い学生達に大きく

影響し、それによって多くの学生達が自立し、独立し、ひいてはわが国の発展に貢献することになった点は十分評価に値すると言えるのではなかろうか。

　久保田は当時の世界最大級の水豊ダムをはじめ、朝鮮北部に大規模なダムの建設を手掛け、戦後は建設コンサルタント会社、日本工営の社長を務めた。田中は鉄道省では鉄道系技術者として鉄道企画課などを担当し、その後帝都復興院では橋梁課長として関東大震災で被害を受けた橋梁の復旧を手掛けている。宮本は卒業後、内務技師として東京土木出張所、新潟土木出張所などで勤務した後に、昭和12（1937）年からは東京帝国大学工学部教授を兼任している。宮本は一高時代に芥川龍之介、久米正雄、菊池寛らと同級で、文才もあり、小説家になるのかと思ったくらいだとも言われている。宮本は広井と出会って、さらにものの考え方を広めたと言えよう。内務技師としての宮本は当時文官と比較して冷遇されていたとされる土木官僚の待遇改善を目指した〝技術者水平運動〟のリーダー的存在としても知られている。

おわりに

　広井が江戸末期の文久2（1862）年に現在の高知県で生まれ、同郷同期に牧野富太郎という〝秀才〟がいて、安政南海地震の被害が残る中、土木工学の重要性、必要性に気づき、札幌農学校に進学し、ウィリアム・クラーク博士、内村鑑三、新渡戸稲造ら当時のわが国エリートを代表する人々との交流を持ったことが彼のその後の人生に大きく影響したことは事実である。特に札幌農学校に進学したことは、まさに彼のその後の人生にとって決定的であったと言える気がするのである。牧野富太郎の場合のように進学することなく、ほぼ独学で植物学

第4章　〝港湾工学の父〟と呼ばれた実務家で教育者　廣井勇　　73

を学んだとしても、あるいはまた仮に札幌農学校ではなくて駒場農学校へ進学したとしても、広井の人生はこのようなものとはならなかったのではなかろうか。古市公威が同じ土木工学者として輝かしい経歴の下に大きな功績を残す中で、より広く諸芸学（Polytechnique）という学問を身につけたことによって、技術官僚でありながら広い視野から土木工学、工学教育に携わり業績を上げたのに対して、広井は土木工学、特に港湾工学といった基盤の下で、彼が札幌農学校で経験し、身につけた国際性、人間性、人生観に基づいて、東京帝国大学教授として学生の教育に当たり、多くの国際性、人間性豊かな土木技術者の逸材を世の中に送った。その功績は、その後のわが国の土木工学の発展を超え、計り知れないものであると言えるであろう。

　広井の恩師であるホイーラーが架設した札幌市内の豊平橋が洪水で落橋していたのを、広井は大正 13（1924）年にアーチ橋として設計指導に当たり完成させた。広井は生涯クリスチャンであり、死の 4 か月前にも内村や新渡戸と共に宣教師ハリスの墓前祈祷会に参列している。葬儀は生涯の友であった内村鑑三の司会により行われ、内村は弔辞の中で「広井君在りて明治大正の日本は清きエンジニアーを持ちました。……『我が作りし橋、我が築きし防波堤がすべての抵抗に堪え得るや』との深い心配があったのであります。そしてその良心、その心配が君の工学をして世の多くの工学の上に一頭地を抽んでしめたのであります。君の工学は君自身を益せずして国家と民衆とを永久に益したのであります。広井君の工学はキリスト教的紳士の工学でありました」と述べている。[7] 広井と内村との関係がかなり密なもので、彼らが札幌農学校時代以来の生涯の友人であったことが分かる弔辞である。広井について書かれたものの中では、彼について、清きシビルエンジニア（civil engineer）、高潔無私の人格、あるいは苦難の道を自ら切り開いた天才技術者の生涯、といった表現が見られる。これらの表現

はいずれも的確に彼の性格、生涯を表しており、まさに彼の人生はその通りのものであったと言えるであろう。そんな平井は昭和3（1928）年10月、狭心症により65歳、自宅にて急逝した。[8]

[注]

1 天野郁夫『大学の誕生』上（帝国大学の時代）』中公新書、2004、p.36
2 フリー百科事典「ウィキペディア（Wikipedia）」広井勇、2019年6月9日閲覧
3 Plate-Girder Construction, Van Nostrand Science Series #95, 1888
4 伴武澄「近代土木の先駆、広井勇の最大の功績」萬晩報（2013/02/08）
5 大山達雄、前田正史編著『東京大学第二工学部の光芒－現代高等教育への示唆』東京大学出版会、2014
6 内村鑑三「後世への最大遺物：デンマルク国の話」岩波文庫、2011
7 前掲2「ウィキペディア（Wikipedia）」
8 同上

第 5 章

近代土木工学の礎を築いた
情熱と苦闘の土木技術者
田辺朔郎

◇

　田邊朔郎（以下では読みやすくするために田辺と記す）が活躍したのは明治初期で、田辺朔郎の名前は琵琶湖疏水や日本初の水力発電所の建設、関門海底トンネルの提言など、日本の近代土木工学の礎を築いた土木技術者、そして工学者としてよく知られている。田辺は北海道官設鉄道敷設部長として北海道の幹線鉄道開発に着手し、狩勝峠の名づけを行うなど、実務家としての能力を発揮しつつ、明治期という混乱期にわが国の発展に大きく貢献した人物である。本章では、田辺の育った時代に注目しつつ、彼の果たした役割と貢献を眺めてみることにする。

出典：京都市電気局庶務課編『琵琶湖疏水略誌』京都市電気局，1939年．次世代デジタルライブラリー

◇

生い立ち

　田辺家は代々学問をもって幕府に仕えてきた家柄であった。田辺朔郎は文久元（1861）年12月に幕臣田辺孫次郎（忠篤）とふき子の長男として東京市の根津愛染町に生まれた。朔郎の祖父に当たる田辺石庵は、元は尾張の儒者であったが田辺家の養子となり、昌平黌教授となって甲府徽典館の学頭も務めている。父の孫次郎は幕府の講武所で西洋砲術を教えていたが、コレラに罹り42歳で亡くなった。朔郎は5歳から大久保敢斎に漢学を、福地源一郎に洋学を学んだ。朔郎の父、孫次郎の死後、叔父の田辺太一が沼津兵学校で教鞭をとるようになった関係で朔郎も沼津に移った。太一は昌平黌卒業後、幕府の外国方に出仕し、外交畑を歩いていたため、沼津に移った後も、その外交手腕を買われて新政府の外務省への強い任官要請がなされた。これに伴って朔郎も湯島に落ち着くことになった。沼津兵学校一等教授に着任した太一に伴って明治2（1869）年に沼津に移り、翌年同兵学校附属小学校に入学したが、明治4（1871）年に太一が外務省に出仕となったため、朔郎一家も湯島天神町に転居し、近くにあった南部藩の共慣義塾で英語・数学・漢学を学んだ。太一は明治4（1871）年11月、岩倉具視らの欧米視察団に第一書記官として参加した。明治6（1873）年に岩倉遣欧使節団の一等書記官として洋行していた太一がアメリカ、イギリス、フランス、ドイツ、オランダ、ベルギー、イタリアなどを回って帰国した。朔郎は、横浜港へ迎えに行った際に外国汽船ゴールデン・エイジ号の機関室で蒸気エンジンを見たことで工学に興味を持ち、科学者を志して明治8（1875）年に工学寮附属小学校へ転校することになった。明治10（1877）年工学寮は工部大学校と改名されたが、太一の勧めもあり、朔郎は工部大学校に入学した。同期生は35名で、

この時の校長が大鳥圭介である。工部大学校では6年間の就学期間を3分して2年ずつ、普通科、専門科、実地科としていた。3年生になって朔郎は専門科として土木科を選んだ。

　朔郎は生まれて9か月の時に父が病死したため、父親のことはほとんど知らないはずである。朔郎の兄に当たる長男の秀雄も東大建築学科在学中の大正3（1914）年に亡くなっている。また叔父田辺太一の長男、朔郎にとって従弟に当たる次郎も三井物産ロンドン支店長時代に客死している。このように田辺家は男が若死にするという境遇の中で、太一が後見人として親代わりとなって朔郎を育ててくれたのであろう。このことを考えると太一の人生が朔郎に与えた影響は計り知れないと思われる。太一の人生がそのまま朔郎の人生にも反映されたと言えるのではなかろうか。朔郎の父孫次郎の弟、つまり叔父である田辺太一について書いておこう。田辺太一についての詳細は「田邊太一について：ある幕臣のフランス体験」[1] などを参照されたい。

　田辺太一は朔朗の父孫次郎の死後隣に引っ越し、朔郎家族の後見人となった。太一の父、つまり朔郎の祖父である田辺石庵は佐久間象山、渡辺崋山、頼山陽などとの交際を持つ人物であり、『清名家小傳』と題する著書も残している。彼は二人の男児をもうけ、長男は孫次郎、次男は定輔と命名された。定輔、すなわち太一は幼時より神童の誉れ高く、13歳の時に昌平黌に入学し、その才名を謳われた。18歳で昌平黌学試に応じて甲科及第した。文久3（1863）年に池田筑後守を正使とする横浜鎖港使節団の派遣が決定すると、太一は外国奉行支配組頭に抜擢されて随行を命ぜられた。太一は開港こそが時代の勢いと考えていたために、この使節団の随行を固辞したが許されなかった。水野筑後守によって、将来の日本のために外国を検分するようにと説得されたようである。太一にとって外国、中でもフランスへ行く初めての機会ではあったものの、彼の名著『幕末外交談』にも訪仏の印象、

先進文明国の印象についての記述はないようである。もともと太一に
とって気の乗らない遣欧随行だったことが影響したのではないだろう
か。この訪欧中には、フランス人協力者としてのモンブラン伯とシー
ボルトとの不仲、パリ万国博覧会における徳川家と薩摩藩の軋轢と対
立、日本大君として参加した水戸家の徳川昭武（一橋慶喜の弟）をめ
ぐる種々の主導権争いなど、かなり多くのトラブルが生じたようであ
る。このことも太一がこの遣欧に良い印象を持たなかった一要因と
なっていると思われる。太一らの遣欧使節団は、帰国途中に大政奉還
の報に接し、慶応3（1868）年横浜港に到着したが、太一は徳川家達
が沼津に設立した徳川家兵学校の教授に任命された。徳川兵学校の教
授陣は昌平黌、開成所などの卒業生、海外留学生などであったが、そ
の後徳川兵学校は沼津兵学校、沼津学校、そして東京に移され東京兵
学寮に合併された。太一は明治2（1869）年新政府によって外務省出
仕を命ぜられ沼津を離れることになった。

　太一は昌平黌で学問を修めたというものの、洋学としての蘭学、英
学を学んだわけではなかった。しかしながら太一は外国奉行支配下の
書物御用出役になったことから外国と関係の深い任務に携わることに
なった。このことからも彼は積極的な外国志向を有していたとは言え
ない。彼は前掲の著書「田邊太一について：ある幕臣のフランス体験」
を著わしているが、あくまでも幕末外交を客観的に記述する記録者で
あったと言えよう。彼の著書は幕臣としての立場と開国主義的見地か
ら幕府の外交政策を批判的に見たものである。[2]

　太一は明治4（1871）年、特権全権大使岩倉具視らの欧米派遣に随
行し、2年後の明治6（1873）年に帰国した後、参議大久保利通が清国
に台湾問題で派遣される時同地に赴き、やがて清国公使館勤務となり、
明治15（1882）年帰国した。翌年9月には元老院議官、明治23
（1890）年に貴族院の勅選議員に選ばれた元老院議官時代が太一の全

盛時代で、この頃から蓮舟の号を用いて風流に耽り、詩文を書くようになった。

　太一は明治の才媛、女流作家として名声を博した田邊龍子、のちの三宅花圃の父である。島崎藤村が太一に中国の文学を学んだことも有名な話である。退官後の太一は名利栄達を求めず、社会の俗事にとらわれず、もっぱら好きな漢詩や漢文の釈読で日々を過ごしたようである。太一の人生を考える時、彼は儒学、漢学といった分野に秀でた人間であって、社会的地位、名誉といったものにはさほど関心も執着もなかったのではないかと思える。太一の死後、甥に当たる朔郎は太一の『蓮舟遺稿』を刊行したが、そこにも太一の人間的な側面が明示されているとのことである。[3] 太一は大正4（1914）年9月16日に従三位に叙せられた日に亡くなって青山墓地に葬られた。

　朔朗にとって太一はまさに父親代わりと言っていいであろう。9歳の時から常に太一の生きざまを見てきた朔朗にとっては、太一の生き方が彼の人生にとってどれほど大きな影響を与えたかということについては、想像に難くないと思えるのである。

工部大学校入学と
卒業研究としての琵琶湖疏水工事計画

　明治維新期に、イギリス人鉄道技師エドモンド・モレルの建議によって、わが国の工業化、殖産興業を目標とする政府中央官庁として工部省が設けられた。工部省の主要任務は、鉄道、造船、電信、製鉄、鉱山などの官営事業を管轄することによって、わが国の近代国家としての社会インフラ整備を行うことであった。工部省において、明治4（1871）年工部省工学寮が設立され、明治6（1873）年に開学した。そ

れが明治10（1877）年に工部大学校と改称された。工部省工学寮は、工部省の中で工学の技術教育を実施し、殖産興業の実際の担い手になり得る人材を育成し、工学を発展させるための技術教育を行う高等教育機関を設けるべきであるという、当時の技術官僚である山尾庸三の主張に基づいて明治4（1871）年に設立された。山尾庸三が初代の工学寮長官である工学寮頭に就任したが、工部省工学寮では明治8（1875）年からは大鳥圭介が2代目工学寮頭となった。明治10（1877）年には工学寮は工作局の管轄下になり工部大学校となった。工部大学校が英語名として英国式の表現である The Imperial College of Engineering と名乗っていたのは、工部大学校の教師がほとんど「お雇い外国人」としての英国人であったことによるものである。

　明治5（1872）年、岩倉具視欧米使節団の副使として赴いた伊藤博文は、イギリスにおいて工学寮の教師の採用を依頼することになり、グラスゴー大学を中心に人選を進めた。こうして都検（Principal、教頭、実質的な校長）には、グラスゴー大学の教授ランキンの愛弟子ヘンリー・ダイアーが推薦された。グラスゴー大学の重鎮ケルビン卿の同意も得て、化学のダイバース、理学のエアトン、数学のマーシャルら8名の教師陣も決定された。彼らは明治6（1873）年に来日し、7月には工学寮が開学した。工学寮頭（校長）は山尾庸三であった。外国人教師達はその後も土木工学のペリー、造家（建築）学のコンドル、鉱山学ミルンなどの錚々たる教授達が参加し、明治18（1885）年までに累計49名となった。

　工部大学校の教育カリキュラムの作成に当たっては、初代教頭として弱冠25歳で赴任したヘンリー・ダイアーの考え方が大きく寄与した。彼は工学教育の在り方について高い理想を持ち、その実現への情熱を兼ね備えていた。教育に当たっては、専門的学力を習得させることに加えて、実際の工業の場での実践力を付けること、さらにはエンジニ

アがとかく陥りやすい偏狭さを克服するため、学生が幅広い教養を持つことをも重視した。工部大学校のカリキュラムがイギリス式実務重視の実践的教育とフランス、ドイツ式の理論重視の体系的教育とをうまくバランスさせた、いわゆるサンドイッチ方式と呼ばれるものであったということは、現代の高等教育、中でも工学教育、技術教育に対して示唆するところ大で興味深いことである。そのような中、朔郎は明治10（1877）年、16歳の時に工部大学校に入学し、土木工学を専攻することになった。

　朔朗が入学した当時の工部大学校の学生はこれからの日本を背負う気概があり、朔郎もその一人として「東京湾築港計画」を時の東京府知事松田道之に建白したが、採用には至らなかった。5年生になって、実地科では、学生は工作局の辞令を受けて全国に赴き、実地研究を行い、その実地研究は卒業研究となった。朔郎の辞令には「学術研究ノタメ東海道筋並ニ京都大阪出張を申付ける。明治14（1881）年」とあった。明治14（1881）年10月、朔郎は湯島から京都に向けて出発した。当時、鉄道は東京－横浜間と神戸－膳所間が開業しているだけで、横浜から大津付近までは徒歩の旅であったようである。京都に着いて、府庁勧業課から琵琶湖疏水の路線調査のことを聞かされた朔郎は迷わず受け入れ、2か月ほど路線調査に没頭して、年末に東京に戻り卒業論文「琵琶湖疏水工事の計画」（英語）の執筆に着手した。明治15（1882）年4月に北垣知事が上京し、山田顕義内務卿、品川弥二郎農商務省小輔、井上馨参議、松方正義大蔵卿、山縣有朋参議、榎本武揚外務大輔らと交渉を重ねた。そして、朔郎が開拓使時代に面識のある工部大学校の大鳥圭介校長を訪ねた時、大鳥から北垣知事に引き合わされたのが卒業論文執筆中の田辺朔郎だったのである。

　このようにして、工部大学校在学中に、京都府知事であった北垣国道が、遷都で疲弊した京都の活性化のために、角倉了以・角倉素庵時

代からの長年の懸案だった琵琶湖疏水工事を天皇下賜金で断行することを知り、明治14（1881）年、朔郎が20歳の時に卒業研究として京都へ調査旅行に赴き、卒業論文「琵琶湖疏水工事の計画」を完成させることになったのである。第3代京都府知事として着任した北垣国道は明治14（1881）年、就任3か月目に琵琶湖疏水計画の調査を命令した。北垣が琵琶湖疏水計画を立案したのは、市民の用水確保、舟運の便宜、水力による交通・産業の動力確保を目的とするものであった。琵琶湖疏水計画は江戸時代から度々立案されてはきたが、あまりに巨額の費用と困難を伴うために実行されなかったものであった。しかしながら、北垣知事は京都100年の大計のため、この事業に政治生命を懸けたと言える。明治15（1882）年、北垣はこの大事業実現を目指し、中央政府各省庁を説得した上で、北海道開拓使時代に面識のあった東京虎の門の工部大学校に大鳥圭介校長を訪ね、相談した。大鳥は当時、工部大学校学生であった田辺朔郎を呼び寄せ、北垣に紹介し、田辺は執筆中の卒業論文を見せたが、それはなんと琵琶湖疏水に関するもので、彼はその内容について澱みなく説明した。北垣は翌明治16（1883）年弱冠21歳の工学士・田辺を京都府御用係として招聘、この大土木事業の実現を託したのである。

　大鳥圭介工科大学校校長の推薦により、明治16（1883）年に卒業と同時に京都府の御用掛に採用され、弱冠21歳で大工事である琵琶湖疏水の担当となった。のちに田辺の論文「The Lake Biwa-Kioto Canal, Japan」[4]は海外雑誌にも掲載され、イギリス土木学会の最高賞であるテルフォード賞を授与されている。それによると、琵琶湖疏水工事の目的は、i）琵琶湖と淀川を京都経由でつなぐこと、ii）水力発電で得られる電気を供給すること、iii）近隣地域の農業灌漑に寄与すること、の3つであった。論文には、この工事についての詳細が記されているが、工事中に事故が1件しかなく、それも無事処理されたこと、トン

ネル工事がほとんど人力に頼り、かなりの難工事であったことなども記されている。工事は明治18（1885）年に開始され、明治24（1891）年に完了していることから、7年程度を要する大工事であったことも分かる。琵琶湖疏水工事途中の明治21（1888）年に、田辺は議員の高木文平と共に渡米し、ダムや運河の水力利用で世界的な製紙の町となったホルヨーク（マサチューセッツ州）や世界初の水力発電を実現したアスペン鉱山を視察し、当初予定の水車動力を水力発電に変更し、蹴上発電所を創設した。この変更は、のちの京都の近代産業化に大いに寄与したと言える。

琵琶湖疏水大事業の完成

　明治16（1883）年5月に工部大学校を卒業した田辺朔郎は京都府御用掛となり、琵琶湖疏水事業の総工費額を60万円と見積もった。北垣の努力で11月7日には勧業諮問会において全会一致で琵琶湖疏水起工に賛成を得、11月に琵琶湖疏水工事議案は可決された。明治18（1885）年に着工された疏水建設は、琵琶湖湖畔から山科経由で鴨川に至る全長11.1kmの大土木工事であった。中でも2.4kmに及ぶ第1トンネルは、当時日本最長と言われ、地盤が硬く、湧水の多い地質であったため、かなりの難工事であった。しかし、田辺は竪坑（シャフト）を2本掘る、4方向からの掘削という新工法を用いるなどによって、これを完成させた。琵琶湖疏水の主目的は、水利による運輸、交通、灌漑、飲料水確保、並びに水車動力の開発で、水車動力の開発は産業発展のための最重要課題であった。当初計画でも、落差の大きい蹴上から鹿ヶ谷付近に工業用水車を設け、付近一帯を産業・工業地帯とすることが決まっていた。ところが、明治21（1888）年、上・下京

連合区会において疏水の落差を利用した水力発電の動議が出された。当時わが国に水力発電はなく、世界でもスイス、アメリカで小規模なものがあるに過ぎなかった。田辺も水力発電を考慮はしたものの、技術的な問題等で決断できなかったのである。ちょうどその頃、米国アスペンの水力発電所開業の報が伝わり、連合区会は議員1名と工事主任・田辺朔郎を視察に派遣することを決定した。同年、田辺と議員の高木文平が渡米し、ホルヨーク、アスペンなど関係都市を視察して、翌年に帰京した。田辺はただちに水車動力を廃止し、水力発電所建設にかかった。こうして蹴上発電所が建設され、以後の京都市発展の原動力となったのである。

　明治23（1890）年4月、4年8か月に及んだ琵琶湖疏水の大事業は、実に125万円の巨費をかけ、17名という尊い犠牲（田辺の論文[5]にはわずか1名の犠牲者とある）の上に、竣工した。着工当時の国家財政が7,000万円規模、京都府の総予算が50〜60万円であったから、事業の大きさと、これに懸けた北垣知事の執念がうかがえる。琵琶湖疏水工事の実施に関しては、着工後も抵抗は内外から続いたようである。[6]かの進歩的な福沢諭吉でさえ、京都の近代産業都市化に理解を示さずに南禅寺の水路閣をやり玉にし、明治25（1892）年5月13日付の時事新報で疏水工事を山水の美、古社寺の典雅を傷つける「いわゆる文明流に走りたる軽挙」と批判した。また、125万円の工費は、産業積立金、府庁、国庫下渡金、市債、寄付金でまかなわれることになっていたが、不足分は市民から賦課金という形で徴収されたため、負担の重さに耐え兼ねた市民からは、「今度来た（北）餓鬼（垣）極道（国道）」と大書した貼り紙をされたともいう。しかし、北垣はひるむことはなかった。

　『京都インクライン物語』には以下のように記されている。"京都東山の懸崖には四条のレールを銀色に光らせるインクラインがある。大日

山中腹の蹴上舟溜から南禅寺舟溜まで長さ582m、勾配1/15の斜面につけた傾斜鉄道である。疏水を下ってきた船は、蹴上舟溜で水と別れを告げる。水は鉄管で水力発電所へ送られる。そして船は積荷のまま車輪つきの船台に載せられてインクラインを下る。南禅寺舟溜からは同じように積荷を満載した船がのぼっていく、二艘の船は斜面の中間ですれちがう。通過時間は10分から15分を要した。「船が山にのぼる！」。棹もささずにインクラインを上下する三十石船に、人々は驚嘆の目を見張った。インクラインの運転は電力であった。"[7]

　ついでながら、吉田によると、彼の京都大学工学部の「エネルギーの変換工学」という講義の中で学生達に琵琶湖疏水と田辺朔郎について知っているか否かを聞いたところ、琵琶湖疏水については約75%が知っていると答えたものの、田辺朔郎についてはわずか25%が知っていると答えたとのことである。[8] 現在では田辺朔郎の名前を知る者がかなり少なくなっているのは仕方ないとしても、幕末から明治にかけての日本の混乱期にこれだけ日本の将来について真剣に考え、努力した人間がいたということについては、われわれももう少し注目してもいいのではないかと思うのが筆者の偽らざる気持ちである。

帝国大学工科大学教授から
北海道の幹線鉄道敷設へ

　田辺は明治23（1890）年に第一疏水を完成した後、帝国大学工科大学（工部大学校より改称）の教授に任命されて帰京する。同年、榎本武揚の媒酌で北垣国道の長女静子と結婚する。北海道庁長官に就任した北垣の要請で、田辺は北海道全道に一千マイル（約1,600km）の幹線鉄道敷設計画の調査に着手し、計画・建設に携わることになる。北

垣長官に依頼された田辺は、東大教授のポストを捨て、北海道庁技師になり、人跡未踏の北海道開発に大きな夢と土木技術者の使命感を持って鉄道建設の仕事を引き受けたのである。田辺の北海道開発にかけた情熱がうかがえる。田辺が最初に手掛けたのは北海道内の鉄道網を整備することであった。明治29（1896）年、全道主要都市を鉄道で結ぶ雄大な一千マイル構想の「北海道鉄道敷設法」が、長い間の悲願の陳情運動の展開によって、やっと国会で承認されたことにより、鉄道建設の路線の選定、設計が早急に必要になった。

　田辺朔郎が人跡未踏の北海道に鉄道を建設するために北海道に行くことを決心した心境について、田村喜子は、紀行文風小説ともいうべき著作『北海道浪漫鉄道』の中で、田辺が北海道鉄道敷設部技師佐藤勇と共に道内各地を調査旅行で訪れる様子を詳細に書いている。[9] それによると、田辺が当時北海道庁長官となった岳父北垣国道から要請されて、東京帝国大学教授の職を捨て、北海道鉄道建設のための調査旅行に専念することを決心するまでの経緯、そして工部大学校時代の同級生広井勇と出会い、佐藤らの技師団と共に実際に人跡未踏の地に入り、まさに苦闘の調査の連続であったことが分かる。岩見沢から旭川に至る90kmの上川道路の建設などは、密林の伐採、険阻な山の切り崩しなどを囚人による過酷な労働と低賃金とで完成させたことから囚人道路と呼ばれていることなどが詳細に書かれている。また石狩と十勝を結ぶベストルートとして田辺らが提案した北海道の札幌と道東を結ぶ鉄道建設は、北海道の中央部を走る日高山地をまたぐ大事業となった。田辺らが技師らと共に峠に立って、この峠にどういう名前を付けるかを語り合う中で、田辺が狩勝峠を提案し、技師がカリカチ峠とつぶやき、イシカリとトカチの音訳のアイヌ語との関係が興味深く記されていることを追記しておく。[10] 田辺らの苦闘、苦労の連続の状況、そして当時の土木工学界、さらには政治的人間関係の状況、あるいは

また北海道の過酷な、そして美しい自然の状況までが、詳細に記述された"小説"である。田村は小説の中で次のように記している。"人跡未踏の地に千マイルの鉄道建設―それらの光景を、彼はいく度頭に描いたことだろう。不便な暮らしに置かれている人達のために、道路を拓き、鉄道を敷く仕事をしたいと願うのは、土木を志すものが一様に思うことだ。彼の脳裡には、かつてカナダ太平洋鉄道から眺めた雄大な光景と、北海道という未開の大地が重なって見えた。その地に鉄道を敷く大事業は、土木技術者の血をさわがせることであった。"[11]

　田辺は北海道庁鉄道部長として、道内の幹線鉄道予定路線で厳しい調査を行い、鉄道敷設第一期線を決定し、計画書を作成し、「北海道鉄道官設調書」として政府に提出し、予算確保や建設工事に大いに活用された。つまり田辺は、鉄道こそ北海道開拓と発展の原動力だと考えた。そして原野を拓き、山を穿ち、橋を架けて鉄道を建設するのが土木技術者なのだと、一千マイルの北海道鉄道の完成を夢見て、全力を傾倒したのである。北海道の飛躍的な発展は鉄道建設によって実現したし、またその鉄道建設は田辺に代表される明治期の土木技術者の強い情熱と並々ならぬ努力によって実現したのである。

　田辺は明治33（1900）年に京大工学部教授に就任し、北海道を去ることになったが、鋭意鉄道敷設工事は進められた。特に、石狩と十勝を結ぶ狩勝峠はトンネルとして明治34（1901）年に着工し、硬い岩質と大量の水に悩まされる工事となった。7年間の工事期間を経て長さ954mの狩勝トンネルが完成し、明治40（1907）年に道央と道東の釧路まで鉄道がつながった。全通式に招待された田辺は、祝辞の中で、旭川－釧路間の全通を喜び、道央－道東間の鉄道開通は北海道開発の第一歩であると述べ、さらに北海道開発を進めるために彼の描いた一千マイル鉄道開通達成への強い期待を強調している。

おわりに

　釧路駅近く、釧路合同庁舎そばの幸町公園の片隅に、「北海道鉄道記念塔」が建てられている。田辺は北海道を離れた後も、彼の悲願であり、夢であった北海道の鉄道一千マイル建設を命懸けで成し遂げることによって、土木技術者として北海道開発に貢献する使命を達成したと言える。そのような田辺の喜びと誇りを記念して、昭和2（1927）年に田辺自身が自費で建てた塔である。記念塔正面には当時の釧路市長岡本佃の言葉として、田辺の並々ならぬ尽力と貢献によって釧路の発展が実現したと田辺の先見性を高く評価する賞賛と感謝の気持ちが記されている。田辺は北海道を去った後、新設間もない京都大学教授に赴任し、大正5（1916）年同大工科大学学長（現・工学部長）、昭和4（1929）年土木学会会長を歴任した。その間、京都の都市計画、関門トンネルや多くの事業に参画するなど、生涯土木技術者として社会貢献に情熱を傾けた。田辺は昭和19（1944）年、京都にて81歳の生涯を閉じた。

　田辺朔郎の家族について書いておこう。朔郎が京都府知事の後に北海道庁長官を務めた北垣国道の娘、長女のしず（静子）と結婚したこと、そして朔郎の長男秀雄は東大工学部建築学科在学中に亡くなったことは前述の通りである。次男主計は田辺太一の長男がロンドンで客死したために太一の養嗣子となり、同志社大学英文科卒業後、三井銀行に勤務し、登山関係の翻訳書を多数出版している。また三男多聞は、大正10（1921）年に東京帝国大学工学部機械工学科を卒業後、法学部政治科に入学し、大正13（1924）年に卒業し、高等文官試験行政科に合格し、内務省に入省し、朝鮮総督府鉄道局に配属されている。『北海道の鉄道開拓者－鉄道技師・大村卓一の功績』によると、朔郎は当

時京城から北京への弾丸列車を開通させる構想を持っていたので、大村卓一にその計画を話すと共に、そのことを長男秀雄の死後、多聞に託していたようである。[12] なお、田辺多聞は終戦時、釜山地方交通局長であり、鉄道の引き継ぎや邦人達の日本への帰国などの戦後処理に尽力し、米軍との交渉や協議、日本人の安全確保や輸送手段の手配など、戦後の混乱の中での困難な仕事をこなした。多聞が朝鮮生活20年を経て、敗戦のために引き揚げなければならなくなった邦人40万人を2か月間のうちに急きょ引き揚げさせた実績は驚嘆に値し、高く評価されるべきであろう。多聞には、父親である朔郎が大陸進出に際して朝鮮、中国の一般市民の生活、利便性の向上を第一に考えていた精神が十分に伝わっていたと思えるのである。

　田辺は東京遷都によって疲弊していた京都を救い、活性化させるために交通の利便性、水利の改善を目的として琵琶湖疏水土木大事業を完成させた。そしてまた、これまで人跡未踏の地であった北海道に鉄道一千マイル構想の下に鉄道建設、鉄道網整備に全力を傾けた。いずれも後世に生きるわれわれが現在でも恩恵を受けている大きな社会貢献である。社会に貢献する使命感を持った土木技術者として、仕事に全力を傾倒し、そしてそれらを成し遂げるためのたゆまぬ努力と実行を自ら率先して示し、かつ、最後には鉄道記念塔を作り、後世に技術を伝えようとした田辺朔郎の技術者魂に深く感銘し、敬服するものである。われわれは、田辺のようなすばらしい技術者に恵まれ、北海道開発が遂行できたことに感謝すると共に、東大教授のポストまでを捨て、北海道開発に懸けた情熱と苦闘の足跡を忘れるべきでないと考える。

　琵琶湖疏水事業は明治18（1885）年8月に着工し、5年の年月をかけたのちの明治23（1890）年4月に完成し、琵琶湖の水を京都に送り続けることになった。そしてこの水は当時の日本に最初の水力発電を

もたらすことになった。水力発電はアメリカのコロラド州アスペンの他には1、2か所で行われていたに過ぎなかったが、アスペンで水力発電所を視察した田辺は琵琶湖疏水の事業を急きょ変更し、蹴上に発電所を造り、明治24（1891）年水車4台と80KWの発電機2台を設置した。出力200馬力という今から考えると非常に小規模なものであったが、疏水の完成によって、京都の町に電灯がともり、明治25（1895）年には京都に日本で最初の電車が走った。こうして京都は近代都市に生まれ変わったと言える。国家予算7,000万円、内閣府土木費総額100万円の時代に、125万円の経費をかけた琵琶湖疏水事業は、お雇い外国人の技術に頼ることなく、日本人だけの力で、まさに田辺朔郎が苦闘の果てに成し遂げた一大土木事業であると言えよう。

　田村は自著のあとがきで以下のように書いている。"明治中期、田辺朔郎が初めて見た北海道は、おびただしい蚊虻がはびこる果てしない原野と、そこに新天地を求めて移住した人びとの恵まれない暮らしだった。この地に縦横の鉄道を走らせることによって、蝦夷と呼ばれていた北海道を文明の地に改造する。それは土木を志した人間にとって、生命を賭しての使命であったと同時に、情熱をたぎらせる仕事にちがいなかった。北海道は鉄道の建設に伴って開拓が進み、産業が発達し、多くの人間が住むようになった。北海道は鉄道によって、飛躍的な発展を遂げたのである。明治期の土木技術者が描いた理想は達成されたと言えよう。そして今、北海道では各地で鉄道が休廃止に追い込まれ、代って高速道路や航空輸送が発達し、さらには次の飛躍へとリニアモーターカー構想が、若い技術者たちによって進められている。いわば北海道開拓の原動力となった鉄道は、当初の役目を果たし終え、次の世代に家督をゆずって引退しようとしている。だが次代が先祖の遺産を継承しているのは事実である。例えば石狩と十勝を結ぶルートは、田辺朔郎が極寒の原生林に踏み込んで、自ら切り拓いた狩勝峠を

通る以外にはない。狩勝峠はまさしく道央と道東を結ぶ唯一のライン
であり、新しい構想もまたそのルートをたどろうとしている。私は北
海道の発展の中で、狩勝峠貫通がもたらした意義と、その開削に情熱
を傾注した土木技術者のロマンを追ってみたいと思ったのである。"[13]

　まさに田辺が東大の職を捨て、北海道の鉄道建設に命を懸けた人生
の一コマを的確に表現していると思えるのである。

　田辺朔郎は昭和19（1944）年9月、京都浄土寺真如町の自宅で81
年の生涯を閉じた。彼の墓には「明治十六年二十三歳ヲ以テ工部大学
校卒業、職ヲ京都府ニ奉シ、琵琶湖疏水工事ヲ担当シ、本邦最初ノ水
力発電事業ヲ完成ス……」と刻まれた碑文がある。

[注]

1　富田仁「田邊太一について：ある幕臣のフランス体験」『立正女子大学短期大学部
　　研究紀要』Vol.19、1975、pp.16-29
2　田辺太一『幕末外交談』富山房、1898、pp.26-27
3　同書、pp.28
4　Tanabe, S., 1896. "The Lake Biwa-Kioto Canal, Japan", Scientific American, Vol.
　　LXXV,-No. 19, November 7
5　同書
6　吉田英生「琵琶湖疏水と田辺朔郎」日本機械学会 RC196 資源環境問題に調和した
　　熱・エネルギーシステムとその基盤技術に関する調査研究分科会研究報告書・II、
　　2004、p.5
7　田村喜子『京都インクライン物語』中公文庫、1994、p.11
8　吉田、前掲書
9　田村喜子『北海道浪漫鉄道』新潮社、1986
10　同書、p.31,141
11　同書
12　高津俊司『北海道の鉄道開拓者－鉄道技師・大村卓一の功績』成山堂書店、2021、
　　p.113
13　田村、前掲書9

第6章

官界と学界と政界の重鎮を
果たした教育者
渡辺洪基

わが国の江戸末期から明治維新にかけての時期は混乱期であると同時に、江戸幕府が滅んで明治政府となり、西洋から近代技術を導入する中では、政、官、民、学のすべての分野で多くの傑出した人材が出てきた時代であると言える。その中でもこれらのすべての分野でひときわ目立った活躍をした人物の一人として挙げられるのが渡辺洪基（戸籍上は渡邊のようであるが、本章では渡辺と記すことにする）と言えるのではなかろうか。本章では彼の生い立ち、経歴、業績を基に、彼がどのような気持ちで混乱期の日本の中で人生を送り、自己修練の努力をし、日本国のその後の発展に寄与、貢献したかを探ることにする。渡辺洪基については、多くの著書が出版されているが、本章では主に『ミネルヴァ日本評伝選　渡邊洪基－衆知を集むるを第一とす』[1]『渡邊洪基伝－明治国家のプランナー』[2]等を参考にした。詳細に関心のある諸氏におかれては、参照されたい。

出典：建築学会編『建築学会五十年略史』建築学会，1936年．次世代デジタルライブラリー

生い立ちから外務省出仕まで

　渡辺洪基は弘化4（1848）年に越前国武生（現在の福井県越前市中心部）において福井藩士で医者の渡辺静庵の長男として生まれた。渡辺は10歳で府中の立教館に入学し、のち福井の済世館で学んだ。渡辺が最初に入学した府中の立教館と呼ばれる学校は、地元武生の刃物商人で、商才にもすぐれ、蔵書家でもあった松井耕雪が設立した藩校である。[3] 松井は私財を投じて藩校の創設に尽力したようであるが、渡辺はそこで森余山という儒者に師事し、それが渡辺のその後に大きく影響することになった。松井耕雪は学問をたしなみつつも地元の産業振興にも大きく貢献し、各界の名士との交流にも積極的で、その中には福井藩主の松平春嶽もいたようである。幕末期に武生の地で何人かの傑出した人物が生まれているのは興味深いことである。明治初期に外交官として井上馨と共に活躍した斎藤修一郎、そして医学分野において近代的皮膚病学を導入した東京帝国大学教授の土肥慶蔵は渡辺の生家の近くで生まれている。越前というわが国の当時の中心から離れた地にも何か知性を尊重し、それを大事に育てる風土があったのかもしれない。渡辺は文久3（1863）年15歳の時に福井に出ることになる。そこでは済世館で蘭学、漢学を学び、そして初めて医学の道へも足を踏み入れることになった。初めて武生を離れ、福井へ出た渡辺の向学心に燃えた姿が想像される。しかしながら渡辺は、福井へ出た翌年の元治元（1864）年には16歳で江戸に出ることになる。そして彼は下総佐倉にあった医塾順天堂に入塾する。佐倉の医塾順天堂は、天保9（1838）年に蘭方医佐藤泰然が江戸に開いた医学塾が前身で、佐倉に移って2代目佐藤尚中の下で隆盛を極めていた。医塾順天堂は大坂にあった緒方洪庵の適塾と並んで、当時のわが国の医学界の人材育成の

中でも重要な役割を果たし、全国から塾生を集めていた。洪庵の適塾が大村益次郎、橋本左内、福沢諭吉をはじめ各方面で活躍する自由で傑出した人材を生んだのに対し、順天堂はあくまで医学教育に意を注いでいたようである。

『渡邊洪基―衆知を集むるを第一とす』では、次のように述べられている。"『越前人物志』[4] によると、「固より大志ありて医業を喜はず、常に意を政治と兵学に注ぐ」と記しており、あくまで医学塾であった順天堂の教育に窮屈さを感じたのだろうか。" 順天堂時代の師佐藤尚中の伝記中には、"佐倉順天堂泰然及尚中門下として東校に移り教師をして居った者のうち異彩を発つて居た者」の一人として、渡辺の名が挙がっている。それによれば、彼は「医者といふ職分より政治のやうな事が好きである位だから中々これが一筋縄ではゆかぬ男であった、であるから在学中よく校則を犯したものである"[5] すでにこの時から彼にとって、医学とは新しい時代を見通すための方便に過ぎなかったのであろう。渡辺は医学の道を学びつつも、当時からわが国の将来のあるべき姿を真剣に思い描いていたのである。

さらに渡辺は、翌慶応元（1865）年の秋には佐倉を去り、再び江戸に出ることになる。15歳で武生を出て以来、数年の間に福井、江戸、佐倉、そしてまた江戸と移り住みながら蘭学、漢学、医学と学びつつ、また英学にも入り込もうとする渡辺のエネルギーには驚嘆するのみであるが、若かったとは言いながらも、渡辺自身、かなり即断即決、血気盛んな直情型タイプの人間であったと言えるのではなかろうか。再び江戸に戻った渡辺は、領主の本多家の屋敷に寄宿しながら開成所に通い、英学を学び、次いで慶応元（1865）年11月には福沢諭吉の慶應義塾に入学している。

渡辺は幕府医学所に勤めていたが、幕府医学所は順天堂の創立者である佐藤泰然の実子の松本良順が緒方洪庵の後を継いで頭取となり、

彼の下で抜本的な教育改革が施されることになった。つまり彼の教育改革は順天堂の学風に沿ったかなり大胆なもので、文献や書を購読することを禁じ、講義のみを重要視しようとするものであった。慶応4（1868）年1月3日に京都で鳥羽・伏見の戦いが起こり、戊辰戦争が勃発したことに伴い、渡辺は戊辰戦争に幕府側として参加して敗れ、賊軍として流転の日々を送らざるを得なくなるのである。慶応4（1868）年3月には新政府箪の西郷隆盛と幕府側の勝海舟の間で江戸城の無血開城が決定され、江戸は新政府軍による総攻撃を免れたが、その後、抗戦派の幕臣らによる5月の上野戦争を経つつも、9月に会津藩、庄内藩がそれぞれ官軍に下ったことにより旧幕側と新政府側との戦いは終局を迎えた。渡辺は米沢藩の藩医によって米沢に招かれ、そこで英学塾を開き、弱冠20歳にして学校を組織し、新しい学問の指導に当たるという大役を担うことになる。渡辺の米沢滞在はわずか5か月程度であったが、そこでの彼の貢献はかなりのものだったようで、藩政府からもかなり感謝されたようである。明治2（1869）年1月末に渡辺は米沢を発ち、かつて自分が楯突いた新政府官軍のお膝元で、江戸から東京と改称された新生日本の中心へと舞い戻って行くことになった。

　いわゆる"賊徒"であった彼は、米沢藩や府中藩本多家の屋敷にまずは身を潜めていたようであるが、潜伏先で彼は想を練り、新時代にふさわしい体制を構想し、それを建白して自らを新政府に売り込もうとしていたようである。渡辺は明治2（1869）年に新政府への建白書を2通用意して明治政府に提出している。1通目は冒頭に「方今ノ急務ハ天下衆庶ノ知ル所ロ即チ内乱ヲ治メ外侮ヲ防キ富国強兵ノ基ヲ立ルニ他ナシ」と謳われており、大略以下の五条からなる。(1) 各人各邦私利を捨てて公益を取り、全国合一して外国と対峙するべきこと。(2) 外国との交際は信義をもって行い、すべての国と平等に接するこ

と。(3) 官吏の出処進退や法令の改廃の規則を重んじ、民心を安心さ
せること。(4) 軍律を厳正にして兵隊の数を削減し、減税を行い、万
人の知恵を促進すること。(5) 学術を開花させるに当たっては洋式に
拘泥せず、長幼貧富の差別なく万人がその恩恵に浴せられるようにす
ること。(5) で特に学問、教育の重要性を強調していることはいかに
も渡辺らしいと言えるのではなかろうか。彼が新政府に宛てて提出し
た2通目の建白書には、わが国の将来にとっての国際関係論と学術振
興策という大きく2つの課題が記されていた。国際関係については、
イギリス、フランス、アメリカ、ロシアとの微妙な国際外交関係をど
のようにして維持、促進していくべきかを説いたもので、イギリス、
フランスとのこれまでの関係を維持しつつ、アメリカにロシアとの関
係がスムーズにいくように取り計らってもらうことを目指すというも
のであった。学術振興策については、次の七ヶ条からなるものであっ
た。(1) 各府各県に学校を設け、その際学術を分けて両局をなすべき
こと、(2) 全国の洋学者を官命によって分課すべきこと、(3) 活字局
を設置し、書籍を量産して廉価とすべきこと、(4) 児童の年齢に応じ
て学則を定め、翻訳書をもって教育し試問を行い、濫りに退学転学せ
しめないこと、(5) 13から15歳の子供達の中から人数を限って選抜
を行い、外国語を学ばせること、(6) 15歳以上の者は学と術をそれぞ
れ学ぶべきこと、(7) 試験を経なければ官務に就いてはならないこと。[6]
このようにして渡辺は自らを2つの方面から新政府に売り込もうとし
たのだと言える。つまり、彼が洋書を通じて学んだ国際関係の知識に
基づく外交官としての道と、米沢ではできなかった学政官としての道
である。そしてこれが功を奏したのであろうか、実際に彼はこの2つ
のキャリアを歩んでいくことになる。

　渡辺は建白書を提出した後、自ら学問を続ける道を選び、明治政府
が開設した大学に入学することになる。維新政府は幕府の直轄校で

あった昌平坂学問所、開成所、医学所を接収して、それぞれ昌平学校、開成学校、医学校とした。そして明治2（1869）年8月に昌平学校を母体として大学本校とし、12月には開成学校、医学校をそれぞれ大学南校、大学東校と改称した。渡辺は旧開成学校の流れをくむ大学南校に明治3（1870）年入学したようである（順天堂の記録では大学東校に在籍したと記されている）。渡辺はこの年に武生に帰省し、医学から洋学に転向したと自ら宣言したと言われている。

　渡辺は戊辰戦争で幕府側として参加して敗れ、賊軍として故郷武生の本多家の援助を得ながら米沢藩の下で流転の日々を過ごしている。この経験に加えて、あるいはこれに勝るとも劣らず、彼のその後の人生に大きな影響を与えた出来事として明治3（1870）年に勃発した武生騒動があると言えるのではないだろうか。武生騒動は、版籍奉還によって福井藩が版籍を返上するのに伴って、武生を代々治めてきた本多家を士族に降格することに反発した住民らによる豪商邸への焼き討ち事件に端を発したものである。自ら私財を擲って藩校立教館を建てるなど郷里武生の学芸振興に尽くした松井耕雪の邸宅も、群衆の暴動によって無残に焼き尽くされることになった。このありさまを見た渡辺がどれほどの失望感と悲しみに打ちひしがれたかは想像に難くない。本多家への処遇を改めるよう求める長文の建言書を著していた渡辺は、武生の少年時代の幼馴染みである関義臣と共にこの騒動に関連して一時身柄を拘束されている。先に謹慎を解かれて釈放され明治政府に任用、登用されていた渡辺は、彼が武生に戻った時に未だ幽囚、収監されていた関を見舞って励ましたと言われている。故郷の財力や学問の振興に尽力した松井耕雪らが邸宅を焼かれ、焼き討ち事件で灰燼に帰した故郷を眺め、そして幼馴染みの関義臣と獄窓を通してしか話のできなかった渡辺の胸中には、暴力の虚しさ、無益さを痛感すると同時に、国内外の苦難の状況の中で将来の日本のとるべき態度、あるべき

姿が描かれていたのではないだろうか。

　その後渡辺は能力を十分に発揮しつつ洋学指導者としても頭角を現すことになるが、明治3（1870）年12月には弱冠22歳で外務省大録（議長級）に任じられ、外交官としてのキャリアをも積んでいくことになる。このようにして外交官としての評価が高まる中、渡辺は翌明治4（1871）年に岩倉使節団に随行参加してヨーロッパ諸国を回ることになった。

岩倉使節団随行参加と帰国後の活動

　渡辺が岩倉使節団に随行派遣されたのは明治4（1871）年であるから、彼がまだ弱冠23歳の時であり、かなりの抜擢であったと言えるのではなかろうか。米沢から江戸に戻り明治政府に建白書を提出し、大学南校に入学して、外務省大録に任命されたばかりの若者が欧米諸外国を回る使節団のメンバーに選ばれたこと自体、彼の能力への評価、そして将来への期待がかなり大きかったであろうことを示すものであろう。岩倉使節団は岩倉具視を大使として、大久保利通、木戸孝允、伊藤博文、山口尚芳を副使とする一大使節団であった。そのような当時の明治政府の中枢とも言うべき人々の中に入っても若くて血気盛んな渡辺は岩倉具視や木戸孝允といった第一人者相手に大見得を切っていたようである。それによって外務省の中に限らず、わが国の将来の外交を担うであろう若者として渡辺の評価が高まることになる。

　総勢50名以上からなる岩倉使節団派遣の最大の使命は、幕末以来の日本の実情を西欧諸国に説明し、当時のわが国では夜郎自大な攘夷運動がはびこったりしていたが、将軍から天皇に政権が奉還され、これまでの封建の世の中ではなくなり、欧米文明列国と対等に並び立っ

ていくための歩みを始めたことを各国に告げることであった。また西洋諸国の文明の体制を視察し、日本の現況と照らし合わせてその開化の対策を講じるのが使節団派遣のもう一つの使命であった。

さらにまた、岩倉使節団一行に随伴して、日本からの留学生の一団もあわせて出国し、文明の学芸を学ぶために各国に留め置かれることになった。その中には、フランスとアメリカへの留学をそれぞれ命じられた中江兆民と金子堅太郎のように、のちに相反する立場から日本の政治に寄与する者も含まれていたというだけでなく、驚くことに津田梅子や大山捨松らの女子留学生も含まれていた。津田梅子はのちに津田塾大学を創設し、また大山捨松は後に元老大山巌の妻としての立場を通じ、看護師教育・女子教育への支援を行い、いずれもその後の日本の、特に女子教育に大きく貢献することになった人物である。当時の留学生の苦労については、特に彼女達は当時まだ10歳前後であることを考えると、そしてまた彼女達が何の前知識も与えられることなく外国へ送られたことを考える時、彼女達の能力、並々ならぬ努力に対しては敬服する以外にないと言わざるを得ない。渡辺が岩倉使節団派遣の2年前の明治2（1869）年に政府に宛てた建白書の内容、すなわち当時の日本にとっての学術振興政策の必要性、そしてまた国際関係については戦略的、そして平和的に何をなすべきかを真剣に考えるべきことの重要性が、いずれも実現したと言えるのではなかろうか。その意味でも渡辺は、先見の明の鋭さ、そして稀有とも言うべき国際的感覚をすでに身につけていたことが分かる。

岩倉使節団の旅程としては、最良の友好国であって公明正大な政治制度を構築し、世界に冠たる富強国であるアメリカをまず訪れ、次いで通商国であり日本に在住者の多かったイギリスへ向かい、その後フランス、オーストリア、プロイセンなどを経てロシアに至ったようである。使節団がアメリカに到着早々から伊藤博文の振る舞いに耐えら

れず不満を抱き、辞意をもらしていた渡辺は、当初の条約交渉の指針が覆されようとしているさなか、堪忍袋の緒を切らして辞表をたたきつけ、明治5（1872）年に単身日本に帰国している。規律違反を犯して帰国したかのような行動ではあるが、伊藤の言動に眉をひそめていたのは渡辺一人に限らなかったようで、渡辺はこの行動によって皆からも注目を集め、いわば男を上げたとも言われている。このような渡辺の行動に強い印象を持ったのが、木戸孝允であった。木戸はアメリカからイギリスを経た後、フランスにおいて渡辺に長文の書簡を書き送っている。それは、条約改正交渉方針を取りまとめた渡辺ら外務省の旧幕臣系知識人の主張に呼応したものとなっていた。ワシントンでの条約改正交渉が失敗したことによって木戸の逆鱗に触れ、伊藤は面白を失い、同じ長州閥の兄貴分である木戸から見放され、使節団の中で疎外されることになる。しかしながら、ヨーロッパに渡り、一行の旅が進むにつれて、伊藤自身も自省、自重したのであろうか、内面的変化が見られたため、木戸の怒りも和らぎ、二人の間にはまた元の信頼関係が復活する。こうして木戸の仲介で、渡辺は伊藤とも再びつながりを得ることになる。その後の伊藤と渡辺の関係として、帝国大学や国家学会、立憲政友会などを通じて表裏一体となったことを考え合わせれば、岩倉使節団は両者にとってまさに奇縁と称すべきものだったと言えるのではなかろうか。

　明治7（1874）年にオーストリア臨時代理公使として再びヨーロッパに赴任した渡辺は2年後の明治9（1876）年に帰国後は、自らの国際体験を基に多くの外交資料を精査、精読し、将来の日本のとるべき方向とあるべき姿を描きつつ、努力を重ねることになる。その最初の段階として、当時の明治中央政府が諸外国に関する知識を独占し、それらが地方に行きわたっていないことを問題とした。そのために渡辺は地域に根差した知を喚起して衆智とし、そのような衆智を結び合わ

せ組織化することで、これまでの中央指導の知の流通に対抗しようと試みたのである。そのためには、まずそのようなローカルな知のための結社が設立されなければならないとして、萬年会と称する会員制の情報交換の場を設けた。萬年会では、地方の農産物、伝統産業、新作機械、新技術の紹介等、あらゆる分野の情報、知識を地方から発信することを目指していたが、このような渡辺の活動が明治政府に少なからぬ影響を与えたことは十分想像するに値するものである。

渡辺はこのような活動を通して、次の段階として統計協会と東京地学協会の立ち上げに尽力する。統計協会は日本統計協会の前身に当たる組織で、また東京地学協会は今日もなお公益社団法人として活動している団体である。これらはいずれも明治12（1879）年に発足、成立するが、渡辺はこれらの両方の団体の初代会長を務めることになる。「統計」と「地学」という一見脈絡のない取り合わせであるが、渡辺がこの両者を組織化することに多大の労力を傾けたことには、それなりの背景があったようである。まず統計協会に関しては、小幡篤次郎ら民間の統計学研究団体と渡辺ら政府の太政官官僚グループという目的、目指すところの異なる者らが合体したものであった。すなわち、研究を掲げる「学者」と統計実務に専ら関心のある「官僚」との同床異夢が背景にあったのではないかということである。統計協会創立の3年前、明治9（1876）年に日本統計学のパイオニアとされる杉亨二を社長として統計学研究のための結社スタチスチック社が設立された。統計学（Statistics）という学問はもともと欧州ドイツで国家（state）の状態を表す各種データを整備、研究する学問として生まれたものである。したがってスタチスチック社のような民間結社が統計学教育を担当するということに関しては、いろいろな軋轢もあったのではなかろうか。しかしながら、このような軋轢の時を経つつも、学問としての重要性を当時の一部の人々は認識していたということは注目に値する

し、その後のわが国の発展にも少なからぬ寄与をしたと言えるのではなかろうか。

『ミネルヴァ日本評伝選　渡邊洪基－衆知を集むるを第一とす』[7]によると『統計集誌』[8]には以下のように書かれている。これによって渡辺が統計と地学という、社会科学と自然科学の全く異なる学問分野の確立に尽力した理由が明らかになっていると言えるのではなかろうか。"後になって明治32（1899）年に統計協会がスタチスチック社と共催で統計講習会を開催した際の開講の辞で、渡辺は次のように語っている。「今日国をなすと云ふものは、即ち人民と国土である。土地と人民と云ふものは、即ち国をなすことの要素である。然るにまだ今日の所では、残念ながら即ち民口調査、其民口調査に付ては色々単純なる民口調査と複雑なる民口調査とありますが、其単純なる民口調査もまた出来ない。又もう一つは土地の測量である。是も地学的測量と地形的測量と二つある。是もまだ十分出来ないのであります。此処で私が申すも可笑しくありますが、即ち統計協会と地学協会とは大かた同時に出来たものである。然るに両方共にまだ十分なる目的を達せぬと云ふことは、実に国として又吾々帝国の人民として、甚だ遺憾な次第である。然る所が、段々進むにしたがって、今大蔵大臣の申される通りに統計の事も重きを置かれ、地学の事にも段々重きを置く訳に進んでまいりました。然らば是に従事する所の人々は、愈々以て奮励して此事に進歩を与へられること、信じ、且つ希望する次第である。"

　渡辺は萬年会、統計協会、東京地学協会の設立、組織化に尽力し、それらをやり遂げた後も、明治11（1878）年には学習院の次長職を拝命し、貴族の子弟の教育に携わることになる。この頃から渡辺は官吏としての裏方の役回りから、国家の立法を実際に審議する表舞台に登場、順調に出世の階段を上るように次々と要職を担当し、国家エリート育成にも関与していくことになる。まずは明治15（1882）年に

渡辺は元老院議官に就任し、以後、明治17（1884）年に工部少輔、その翌年の明治18（1885）年に東京府知事となり、政治の要職を務めている。

　渡辺が工部少輔に任ぜられた背景として、着任の半年前に彼が工学会副会長に就いていたことが大きく影響している。工学会は、明治10（1877）年に工部大学校（明治3〈1870〉年の設立時には工学寮と呼ばれた）の卒業生の親睦組織として工部省に開設された。この年から工学寮も工部大学校と正式に呼ばれたようである。工学会は当初はまさに卒業生同士の交流を目的とした集まりであったが、工業上の知見を広く世間に発信することを掲げて活動していたようである。

　もともと工部省はわが国の殖産興業推進を目的として明治3（1870）年に設置され、官業として鉄道、造船、鉱山、工場などの各種事業を興し、また工部大学校という技術者養成のための教育機関を開設し、西洋の工業技術の導入と普及を使命としていた。渡辺が工部少輔に任じられたのは、政府が各種事業、工業を自ら運営するのではなく、民業へ移管することが世の趨勢となってきた頃であったため、彼はむしろ工部省の組織改編を求められたと言ってよいであろう。そのような中で渡辺は、東京府知事へと転任するまでの1年に満たない短期間ではあったが、工部省の延命に向けて精力的に働いたのである。

　渡辺の工部省改革のもう一つの柱は工部大学校をどのように位置づけて改革するかということであった。渡辺は当時のわが国の高等教育の在り方を2つの側面からとらえていたようである。一つはもちろん大学の在り方であって、明治19（1886）年に制定された帝国大学令にあるように「学理ノ蘊奥ヲ極メル」こととしている。もう一つは、そのような学理をどのようにして実務に結合させるかということであった。そしてその結合を実現させるのが工部大学校の使命であると考えていたようである。工部大学校は初代工学頭の山尾庸三がイギリス人

教師ヘンリー・ダイアーらの協力の下に創立されたもので、イギリス式教育方針に基づいた教育がなされていた。渡辺は工部大学校の改革方針のモデルとしては、大学は学理と実業を結合する場であるべきで、ドイツやフランスのエコール・ポリテクニク（Ecole Polytechnique）などの、いわゆる大陸式教育方針に基づいた教育を模範として考えたようである。

初代東大総長の拝命と三十六会長

　渡辺は明治17（1884）年には36歳で工学会副会長となり、その後、同年半年後には工部少輔に任命されている。そして翌明治18（1885）年には東京府知事へと転任している。また、その翌年明治19（1886）年にはわが国初めての帝国大学令が制定され、東京帝国大学ができ、渡辺は初代総長となる。東京大学が成立したのは明治10（1877）年であるから、その9年後に「国家の須要に応ずる」帝国大学ができたことになる。明治19（1886）年3月には、第一条に「帝国大学ハ国家ノ須要ニ応スル学術技芸ヲ教授シ及其蘊奥ヲ攷究スルヲ以テ目的トス」とある帝国大学令が制定され、帝国大学が設立された。工部大学校を文部省に移管し、従来の東京大学は法・文・理・医・工の分科大学として再編された。それらの上位機関として帝国大学を創設し、その最高責任者としての総長職が設けられた。渡辺はそこで初代総長として迎えられた。当時彼は工部省を辞して、東京府知事の要職にあった。渡辺が東京府知事になったのは前年の明治18（1885）年であるから、まさにこれから東京府政に取り組もうとする中、わずか1年で帝国大学という国の最高教育機関の総長職に転身したことは周囲、特に大学人から見て一種の驚きと違和感を持たれたであろうことは当然であろ

第6章　官界と学界と政界の重鎮を果たした教育者　渡辺洪基　　111

う。大学関係者の間では、帝国大学の前身である東京大学で総長の座にあった加藤弘之がそのまま帝国大学の長となることが当然視されていたようである。この任命人事の背景には当時の文部大臣森有礼（1847-1889）の意向が強く働いたとも言われている。しかしながら、いずれにしても渡辺が帝国大学総長職を引き受けたということには、彼自身にも何らかの強い意志と目標があったと言えるのではなかろうか。つまり渡辺はこれまで萬年会、統計協会、東京地学協会の設立、組織化まで行い、高い事務能力があること、そして工部少輔として工学会副会長を務めつつ、工部省改革と工部大学校の改革と存続に尽力し、わが国の高等教育の発展に強い関心と意欲を持って実力を発揮したこと等を考慮すれば、彼が総長職を引き受けたのは、彼の目指す理想の高等教育を実現、達成したかったのではなかろうかと思えるのである。

　これまで述べてきたように、渡辺は数多くの学会、学術教育組織の長として、その運営を担っている。学会としては、統計協会、東京地学協会、国家学会、造家学会（現在の建築学会）などの学会組織の設立に尽力し、これらの学会の初代会長も引き受けている。学術教育組織としては、東京帝国大学の他に学習院、工手学校（現在の工学院大学）、大倉商業学校（現在の東京経済大学）といった高等教育機関の設立あるいは初代総長といった形で組織の代表責任者としての務めを果たしている。この辺りに彼がのちに三十六会長と呼ばれた所以があると思われる。ちなみに三十六会長という呼称は、彼の葬儀の時に弔辞の中で誰かが用いた表現だったようである。渡辺は、さらには国民協会や立憲政友会のような政党の創立にも関与しており、また貨幣制度調査会といった政策審議会にも参画している。また実業界における活動として、民間企業の関西鉄道、東武鉄道、京都鉄道などの鉄道会社、帝国商業銀行、北浜銀行といった銀行の経営にも協力し、その他、

萬年会、興亜会、大日本私立衛生会、殖民協会、明治美術会、帝国鉄道協会、富士観象会、斯文会等々、学会、教育界、政界、実業界、各種団体組織の多くの分野での活躍は、まさに当時としても他に例を見ない稀有な人物だったのではなかろうか。

　渡辺を評する表現として、「日本のアルトホフ」と称されることがある。ドイツのプロイセン文部省の一官僚だったフリードリヒ・アルトホフ（Friedrich Althoff, 1839-1908）という人物にちなんで呼ばれている。潮木によると、アルトホフはかなり傲慢不遜で19世紀末から20世紀初頭にかけてのドイツの文部学術行政を"統括支配"していたようである。このことから「大学のビスマルク」「高等教育の専制君主」「影の文部大臣」など数々の異名を付けられ、また当時のドイツから多くのノーベル賞受賞者が輩出したことからも「ノーベル賞受賞者のゴッドファーザー」などとも呼ばれていたようである。[9]日本の渡辺とドイツのアルトホフがどこまで共通点を有していたかは別としても、渡辺が日本の当時の官界、学術界、そして政界までも含めて多くの人的つながりを有しており、しかも高等教育行政において実学路線の推進、そして帝国大学運営に当たっての産官学連携強化という信念の下に情熱を傾けていた点において、少なからぬ共通点があることは事実であろう。

　渡辺は東京帝国大学の総長職を務める一方で、下位機関である法科大学の初代学長も兼務していた。法科大学では国家学会の設立に尽力し、学会の活動、運営を熱心に行っていた。国家学会は国家学会雑誌という、現在まで130巻にも及ぶ学術誌を刊行しており、美濃部達吉、吉野作造、丸山真男、宮沢俊儀といった近代日本の法学、政治学を築いた偉大な学者達が輩出した伝統ある雑誌である。もともと国家学なるものは、伊藤博文がドイツ留学時にローレンツ・フォン・シュタイン（Lorenz von Stein, 1815-1890）の教えを受けて、立憲体制成立の

ためには近代的行政の整備が不可欠と認識していたことから、行政の再生産装置として大学を改革するとの決意を持っており、そこに渡辺が同意し、進めたと言われている。国家学会の設立は、帝国大学における産官学連携体制の構築と共に、わずか3年半という短い総長職在任期間における渡辺の大きな実績の一つと言えるであろう。

国家学会雑誌では、わが国の法学史に残る、著名な法学者の間で繰り広げられた数々の歴史的論争が多く取り上げられている。その一つは、前述の前の東京大学総長の加藤弘之が主張した、いわば国家学の純理派グループと渡辺らの実際的な国家学、いわば実際派グループとの間の論争である。実際派は、国家学は現存する国家に対して具体的事実から歴史的かつ比較分析的手法でアプローチするという、ドイツ系の考え方に基づいており、当時は理財学とも呼ばれていたようである。換言すれば、現在で言うところの"実証的経験的事実に基づいた政策決定"に相当する考え方とも言えるであろう。しかしながら渡辺は、国家学を"国家の医学"として位置づけていたものの、一方では、"学医必ずしも名医にあらず"とし、国家学の成果を実地に適用するのは"聡明容智で経歴、実践に富んだ人"でなければならないと述べている。[10]

一方の純理派は、生物学の進化の歴史的事実とも言うべき進化論に基づいた西欧の進化主義をわが国に導入して、国家、社会の分析に適用すべきという、いわば理学国家学である。このような論争を経て、多数の支持を得て勝利したのは渡辺らの実際派であって、渡辺はその後、国家学会評議委員長として学会全体を仕切ることになる。

国家学会雑誌で取り上げられたもう一つの例を示そう。帝国大学の初代憲法学教授として、日本憲法学の礎を築いた一人である穂積八束は、いわゆる天皇主権説に則った精緻な憲法学体系を築き上げ、明治憲法の正統学派と呼ばれている。彼の弟子の上杉慎吉が、東京帝国大

学教授で天皇主権説を批判する立憲学派の代表者美濃部達吉と国家学
会雑誌上で天皇機関説論争を繰り広げたのは、近代日本憲法史を彩る
大事件として知られている。ちなみに、のちに国家学会雑誌において、
渡辺の実学的国家学に関する論文と、それと真っ向から対立する穂積
の「帝国憲法ノ法理」に関する論文が同時に掲載されていることを追
記しておこう。

　渡辺による産官学連携体制の構築の一環として、彼は東京職工学校
の帝国大学への移管を画策している。東京職工学校は、現在の東京工
業大学（令和6〈2024〉年10月から2つの国立大学法人、東京医科歯
科大学と東京工業大学が統合され、新たな国立大学法人東京科学大学
が誕生した）であるが、当初は職工徒弟の職業学校の趣があり、その
経営は振るわなかったため、文相の森有礼と渡辺の経済的合理主義の
下では存続があやぶまれていた。しかしながらこの画策は東京職工学
校の独立意識が強くうまくいかなかった。渡辺はこれと前後して工手
学校（現在の工学院大学）の設立と運営にも乗り出すが、そのことは
彼が職工教育への関心が単なる場当たり的なものではなかったことを
示唆していると言えよう。ちなみに工学院大学は平成24（2012）年に
学院創立125周年記念事業を大々的に行った。[11]

　渡辺は、東京帝国大学の初代総長として、大学すなわち学者と学会
以外の社会との連携にかなり熱心に尽力していた。その一環として、
帝大卒業生の実業界、官界への就職についてもかなり熱心に努力して
いたようである。実業界への就職に関しては、総長自らが学生の売り
込みのために当時の実業界の重要人物の一人であった渋沢栄一に手紙
を書いた記録（明治23〈1890〉年4月18日付渋沢宛渡邉書簡）もあ
り、また学生の官界への就職については、有望な学生を官界に送り込
むために井上毅に明治23（1890）年5月26日付の手紙を送り、井上
は帝国大学卒業後試補に採用するべき人材の推挙を渡辺総長から受け

たことを伊藤博文に伝えたことが『伊藤博文関係文書』〈塙書房、1973-1981）に残されていると瀧井は述べている。[12] 渡辺の悲願とも言うべき産官学連携への一つの努力を示していると言えるであろう。

帝大総長退任後の活動から晩年へ

　渡辺は帝大総長になる以前のかなり早い時期（明治15〈1882〉年頃）から、わが国には政治エリートを養成する機関を設立する必要があると考えていたようである。岩倉具視への書簡の中でも政府主導による政治教育の再構築を説き、"治国平天下の学"を模索しており、その具体的手段として国政学会の設立構想を掲げていた。その設立趣意書の中では、政治、経済、理学、工芸技術といった和漢諸学の学識者、政治家、実業家にノブレス・オブリージュの精神を説いた上で、欧化にも国粋にもなびくことなく、西洋の学術から学ぶべき点を学び、わが国の"国風"に立脚した学問、理論を探求すべきであると述べている。現代社会に生きるわれわれにも注目に値する意見ではなかろうか。このような彼の理想はやがて、のちの国家学会設立につながり、また政治エリート養成の提案は帝大法科大学の教育に影響したと言えるのではなかろうか。一方で渡辺は、帝大総長としては、大学を研究の場として位置づけていた。つまり、明治20（1887）年頃になって私学の法律学校を中心に政談に陶酔する青年活動家達に見られた学問の政治化を憂い、帝国大学が「研究」を掲げたわけである。学者でない渡辺ということで、かなりの反発もあったようであるが、彼としては、まさにこのことは従来からの自分としての根本思想であったと言えよう。

　渡辺はおよそ3年半にわたって帝国大学初代総長の職を務めた後、

明治23（1890）年5月に総長職を退任している。渡辺の総長在任時の功績について高く評価された記述はほとんど見当たらないと言っても言い過ぎではないであろう。伊藤博文と二人三脚で帝国大学体制を整備し、森有礼文部大臣の下で大学行政の整備に努めたとされる表現が最も一般的なようである。しかしながら、筆者にとって、彼が帝大総長当時を含めて、それまで行ってきたこと、実現したこと、主張してきたことの中には、現代のわれわれにも通じるものが数多く存在しており、その点で渡辺にはかなりの先見の明があったと思えるのである。

　渡辺の主張の根本は大学における産官学連携である。実際派国家学を唱える渡辺は、国家学は純理を扱うのではなく、実用的なものであるべきとした。伊藤博文が明治32（1899）年に国家学会に入会し、伊藤と渡辺はまさに国家学会においても、学者の使命は"学問上の知識と実験によって得た知識を併せて国民を誘導し、社会を啓蒙し、国の将来を正しく導くべきである"という共通の考え方の下で二人三脚の協力態勢を保っていたのである。渡辺が理想と考えていた国家学は、現実のデータを集積して国家の具体的な姿を描き、その前提を基に望ましい方向に導くべく方策を考えるという理論作業であると言えるであろう。これはまさに、現在わが国においてもしきりに叫ばれているEBPM（Evidence Based Policy Making）の考え方に通じるものである。このような渡辺の考え方は、彼が地学協会、統計協会の設立に尽力したこととも深く関係している。

　渡辺は統計学、地学に加えて歴史学の重要性を説きつつ、その振興にも努めている。渡辺は学会誌である史学会雑誌にも、生物学者が動植物を講究し、地学者が鉱物を講究するように、われわれは事物を記録することによって経験を役立たせ、正しい指針を得ることができるようにしなければならないと記している。まさに実学のあるべき姿を述べたものとして現代においても十分に通用する主張ではないだろう

か。学会は学者と実務家が協力する場でなければならないというのは
渡辺の主張であった。その意味では、彼の三十六会長と呼ばれた"結
社の哲学"は、まさにそれを実現するための手段であったと言えるで
あろう。

渡辺は初代帝大総長を務めつつ、大学は産学官の連携によって社会
に貢献すべきであるという彼の考え方に基づいて、技術者には倫理的
責任という大切なものがあるということを主張したかったと思われる。
渡辺は、明治25（1892）年11月の工学会総会時に行った講演「技術
者責任に就て」の中で、「学医匙回らず」という格言を引用して大学
出の工学士の社会的信用の無さを指摘し、技術者の反省を促して戒め
ている。知識だけの医者では処方すらできない。同様に、知識だけの
技術者では設計図も引けない。処方は知識に基づき判断を総合した決
断の結果である。設計図も、同様に判断と決断の結晶である。「工学
士線引けず」では使いものにならない。高い責任感で判断と決断を下
す。これが技術者倫理の根幹であると述べている。このような考え方
は、まさに昨今わが国においても、いや世界各国で再び注目されてい
る科学技術政策分野における重要事項の一つである。わが国において
も昨今は、科学技術の倫理的・法制度的・社会的課題（Ethical, Legal
and Social Implications/Issues: ELSI）への関心が高まり、多くの研
究者、政策担当者も注目している。大橋秀雄は、このような渡辺の主
張はわが国において技術者倫理に言及した最初の例であると見なして
おり、欧米で Engineering Ethics が問題となり始めた 1910 年代より
20 年も先駆けていたと述べている。[13] この意味で、渡辺は日本はおろ
か、世界のパイオニアと言えるであろう。

渡辺は帝大総長職を退任後、ただちに外交官に復帰し、特命全権公
使としてオーストリアに赴任している。渡辺の後の帝大総長には、加
藤弘之が就任した。三宅雪嶺『同時代史』には、時の文相芳川顕正が

「大学に於ける渡邉の不評を聞き、山県の姻戚なる加藤〔弘之〕を総長とする方、山県も満足し、加藤も満足し、大学も満足すべしと考ふる所あり」として総長の交代に至ったと記されている。[14]

　渡辺は独自の国際関係理論を持っていたようであるが、ヨーロッパへの再訪に当たって当時のヨーロッパ諸国間の激しい経済競争にかなり驚いたようである。明治24（1891）年には当時の外相榎本武揚への書簡の中で、西洋列強による清国侵略の動きに対して、わが国は清国との懇親に尽くし、軍備を増強して東アジアに派遣される欧米諸国の軍事力に対抗するべきと説き、「亜細亜東方に欧米人の干渉を遠け候様致候儀は今日の急務」と述べている。かねてより渡辺は、西洋勢力の進出に対抗して東アジア世界を防衛することを説いており、そのために興亜会という団体の立ち上げに加わってもいた。[15]

　渡辺は1年余という短期のウィーン滞在の後、明治25（1892）年に帰国するが、彼は学理の世界と現実社会とを接合するというかねてからの持論に基づいて実業界、政界で活動することを考えていた。まずは鉄道事業、銀行経営に実業家として活動を開始している。彼は特に鉄道事業経営に思い入れが強く、関西鉄道、東武鉄道他多くの鉄道会社の設立、経営に関与している。さらに翌明治26（1893）年には貨幣制度改革のための大蔵大臣の諮問に応じるために組織された貨幣制度調査会で会長谷干城の下、わが国がとるべき制度が金本位制か銀本位制かを、まさに学理の現実的適用の場となる官僚、政治家、実業家、学者からなる構成メンバーと共に議論した。そこでの結論は現時点では現行の銀本位制を変更する必要はないということであったが、当時の蔵相松方正義が金本位制を主張していたことから、結局は松方の主張通りとなり、渡辺は政治の世界の特殊性、学理の世界の無力さを実感することとなった。

おわりに

　渡辺は社交クラブとして結成された国民協会に参加した。国民協会は政治家、実業家、学者という社会を導くべき立場にある専門家がそれぞれの知識の交換と交流を通して専門知・実践知を結び合わせるために創設されたが、このような組織はまさに渡辺のかねてからの主張に沿うものであった。しかしながら国民協会が次第に政治団体化していくと、渡辺は協会から離れていくことになった。

　その後渡辺は伊藤博文と共に明治26（1893）年に伊藤新党とも言うべき政友会の創立委員として参画する。伊藤は、立憲政治の理念である妥協と譲歩によって他の政治勢力との対話を可能とする政党を目指していた。そのあたりで渡辺との合意に基づく協力態勢が得られたのであろう。したがって明治33（1900）年に発会式を執り行った立憲政友会では、社会の中のさまざまな実業に携わっている人々がお互いの知識を交換することによって政策を作っていくとし、いわばシンクタンク的なものを目指していたようである。しかしながら渡辺はその翌年、突然狭心症の発作で倒れ、立憲政友会の夢も実現することなく終わることになった。渡辺は明治34（1901）年4月帰らぬ人となった。54歳であった。最初の妻貞子と3年前に死別していた彼は、翌明治32（1899）年に子爵堤功長の娘松子と再婚し、後妻との間に初めての子を授かり、喜びもひとしおであったと思われる。渡辺が亡くなったのはわずかその1か月後であった。渡辺の子供は貞子と名付けられ、10歳から日本画を学び、川合玉堂門下の山内多門、大和絵の吉村忠夫らに師事して昭和4（1927）年の帝展入選以来、多くの賞を受賞し玉花の画号で日本画家として名を成したと言われていることを付け加えておこう。[16]

[注]

1 瀧井一博『ミネルヴァ日本評伝選　渡邊洪基－衆知を集むるを第一とす』ミネルヴァ書房、2016
2 文殊谷康之『渡邊洪基伝－明治国家のプランナー』幻冬舎ルネッサンス、2006
3 瀧井、前掲書、p.3
4 福田源三郎編『越前人物志』上巻、思文閣、1972
5 本多元俊『佐藤尚中先生』私家版、1936、p.15
6 瀧井、前掲書、p.31
7 同書、pp.130-131
8 統計協会編『統計集誌』第219号、p.310
9 潮木守一『ドイツ近代科学を支えた官僚』中公新書、1993及び同著『大学再生への具体像－大学とは何か』東信堂、2006
10 瀧井、前掲書、p.245
11 https://www.kogakuin.ac.jp/assorted/125/index.html（2021年8月28日閲覧）
12 瀧井、前掲書、p.213
13 大橋秀雄「渡邊洪基先生にまつわるノート」、学校法人工学院大学創立125周年特別企画、2021
　　http://hideo3.on.coocan.jp/docs/watanabe133.pdf（2021年8月27日閲覧）
14 瀧井、前掲書、p.276
15 同書、p.276
16 大橋、前掲書、p.27

第7章

美術建築のパイオニアと
謹厳実直のエンジニア
辰野金吾

辰野金吾といっても、彼の名前をよく知る一般の日本人は、そう多くはいないであろう。しかしながら、彼があの赤煉瓦造りの東京駅の設計者であると言えば、彼が美術建築のパイオニアであると誰もが納得するのではないだろうか。東京駅のあのイメージは、松本清張の小説『点と線』、江戸川乱歩の『怪人二十面相』の題材となったこと、川端康成、内田百閒らが東京ステーションホテルに長期滞在して彼らの作品を仕上げたこと等、数多くの著名な文学作品に現れ、扱われてきている。政治的には原敬首相が暴漢に襲われるなど、歴史の中でも多くの重要な舞台となってきた。このことからも、国民のほとんどが東京の中の代表地点、そして日本全体の一つのシンボルとして、皇居に向かって立っている建物として認識しているのである。わが国の歴史、文化、風土の中のシンボル的な存在として、無意識のうちに国民全体の脳裏に焼き付いていると言っても過言ではないであろう。その意味でも、辰野の名前はもっと多くの日本国民に知られてもいいのではないだろうかという思いの下に、辰野の生涯を眺めつつ紹介する。

出典：国立国会図書館
「近代日本人の肖像」

第7章　美術建築のパイオニアと謹厳実直のエンジニア　辰野金吾　　125

生い立ちから工部大学校入学まで

辰野金吾は嘉永7（1854）年10月に下級役人であった姫松蔵右衛門とオマシの間に次男として生まれた。姫松家は家の格式としては足軽よりも低く、自宅は肥前国（現在の佐賀県）唐津藩の唐津城下の外堀のさらに外に位置し、草葺き屋敷が並ぶ裏坊主町にある下級武士の家であった。このことは、辰野の生まれた姫松家が、身分としては、藩士ではあるものの足軽よりも低い最低階級であったことを意味する。金吾は次男であったことから、明治元（1868）年に叔父辰野宗安の養子となり、辰野姓を名乗ることになった。辰野宗安は江戸詰めの藩士であったことから、金吾もいずれは江戸に出ることを幼少期から意識していたと言えるであろう。唐津では、辰野は数え年9歳から勉学を始めている。まずは四書五経、習字といった基礎的素養を身につけるため、戸田源司兵衛の下で四書五経を学んだ後、13歳から野辺英輔の塾で修学している。ここでは学問をするに当たっての目的を強く説かれている。のちに辰野が工学という実学の道を選んだことの起点がここにあったと言えるであろう。真面目で優秀で努力家の辰野は野辺の塾で4年間学んだ後、ついには塾頭まで進み、その後、藩の志道館に入塾し、さらに1年間漢学を学んでいる。

唐津藩が東京から高橋是清（のちに第7代日本銀行総裁、第20代内閣総理大臣となる。ちなみに高橋の直前の第19代内閣総理大臣は東京駅で暗殺された原敬である）を教師に招聘して開講された耐恒寮で、同郷の曾禰達蔵（辰野の生涯にわたっての友人、建築家）らと共に英語を学んだ。辰野がこれまで学んだのは、主として武士の素養とも言うべきもので、彼のその後の建築を専攻した工学者としての活躍を予感させるものとは言えない。しかしながら、幼少期の学問環境が唐津

を出発点として、国を越え、そしてさらに海外にまで目を開く契機を与えたとは言えるであろう。下級武士の家に生まれながらも、常にわが国全体のことを思い、そして考え、いずれ世界で活躍する素地を養った時期であったと言えるのではなかろうか。

　耐恒寮が閉校となった明治5（1872）年の秋、辰野は高橋の帰京に続いて上京した。この年はまさに日本初の鉄道が新橋―横浜間に開業した年で、辰野は19歳であった。高橋是清は辰野と同年の嘉永7（1854）年に江戸に生まれたが、高橋との出会いは、辰野の人生に大きく影響することになった。唐津藩が新設した耐恒寮は洋学校であった。辰野の耐恒寮への入学は彼にとってそれまで学んだ漢学から洋学への転換を意味するものであった。高橋是清は東太郎という名前で耐恒寮の英語教師として赴任していた。高橋は、慶応3（1867）年にアメリカに渡り、苦しい生活をしつつ、その中で英語力を身につけ、明治元（1868）年に帰国した。高橋はのちに内閣総理大臣となったが、若年にしてすでに激動の人生を歩んできた人物であった。渡米時に、のちに文部大臣となる森有礼と知遇を得るなど政府要人との人脈も持ち、その後、文部省等で官僚としてのキャリアを積み、政治家へ転身する。この高橋の存在が、辰野をはじめとする在校生の目を海外に向けさせる刺激となったであろうことは言うまでもない。耐恒寮には、のちに工部大学校において共に学ぶことになる曾禰達蔵が先輩として学んでいた。曾禰家は唐津藩江戸藩邸詰めの藩士で、文書を書く役目の祐筆を務めるなど"文"に優れていたことで知られると共に、藩主小笠原家から篤く信頼された家柄であった。達蔵自身も、藩主の世嗣で幕府老中を務めた小笠原長行に付き従い、慶応2（1866）年の長州征伐から会津へと転戦している。曾禰と辰野は生涯にわたってお互いを支え合う仲となる。この耐恒寮は藩の都合によりわずか1年で閉校となり、高橋は東京へ戻ることになった。閉校に先立って曾禰らが、

第7章　美術建築のパイオニアと謹厳実直のエンジニア　辰野金吾　　127

そして少し遅れて辰野らが、高橋を追うように東京へと移っていった。高橋は、のちに日本銀行本店の工事の建設事務主任として辰野と協力して事業を遂行するなど、辰野の人生と頻繁に接していくことになる。

　辰野が上京して1年後に、工部省が工学士官を育成するための学校（のちの工部大学校）を創設するということで、辰野は同郷の友人曾禰、麻生、吉原らと共に入学試験を受けることになった。唐津から東京に出た辰野金吾は明治6（1873）年に開校した工部省工学寮、のちの工部大学校に1期生として入学し、そこで当時「造家学」と呼ばれた建築学を学んでいく。優秀な成績で入学したわけではなかったものの、辰野は6年間の在学中ひたすら勉学に励んだ結果、造家学の首席として卒業し、イギリス留学の権利を勝ち取ることになる。

工部大学校時代の辰野

　明治3（1870）年に工部省が殖産興業政策を推進するために創設した官立高等教育機関は工部省工学寮と呼ばれたが、明治10（1877）年に改組され、工部大学校となった。工部省工学寮の設置を推進したのは、技術官僚の山尾庸三であった。山尾と共に、のちの総理大臣の伊藤博文、鉄道の父と呼ばれた井上勝、わが国の外交、造幣の分野で活躍した井上馨、遠藤謹助ら5名が幕末にイギリスに渡ったグループとして長州五傑と呼ばれていることはよく知られている。工学寮、そして工部大学校の教師は、山尾、伊藤らがイギリスに留学していたこともあって、グラスゴー大学のウィリアム・ランキン教授らを中心に人選が進められ、教頭に相当する都検には、グラスゴー大学出身の工学者（機械工学）ヘンリー・ダイアー他8名の教師団が招聘された。工部大学校の教育カリキュラムの作成は、初代都検であったヘンリー・

ダイアーが担当した。ダイアーは工学教育の理想型を専門教育と実地教育の混合型（彼はサンドイッチ方式と呼んだ）に求め、イギリス本国にも存在しない、当時の世界的にも特異な方式として注目された教育方式を目指した。

工学寮はスイスのチューリッヒ職業学校における学科編成を参考にして、土木、機械、造家、電信、化学、冶金、鉱山の7学科でスタートした。しかしながら造家学の教師がイギリスから着任したのは明治10（1877）年、工部大学校ができた年であった。その年から工学寮は工部省工作局の所管となり、校長は大鳥圭介が務め、明治15（1882）年には工部大学校は工作局から独立し、工部省直轄となった。工部大学校の創設、設立の経緯等については、『東京大学第二工学部の光芒－現代高等教育への示唆』[1]などを参照されたい。

当時の工学教育を担当する高等教育機関としては、工部大学校の他に東京大学工芸学科があった。東京大学工芸学科は、明治4（1871）年設立の大学南校、それが明治7（1874）年に改称された東京開成学校、そして明治10（1877）年の東京大学創立を経て、明治18（1885）年に設立されたものである。ここには建築に関する独立した学科はなかったものの、東京大学工芸学部工学科土木専攻において建築に関する教育が行われていた。のちに文部省の官僚建築家となる山口半六（1858-1900）、帝国大学工科大学兼任教授となる小島憲之らが同校に学んだ。

工部大学校と大学南校における教育は、基本姿勢に違いがあった。つまり工部大学校は実地実務教育中心（工部大学校初代都検のヘンリー・ダイアーは理論と実務の両方を重視するサンドイッチ方式を目指した）であるのに対して、大学南校では講義理論中心の教育がなされた。両校の教育姿勢の差は、この国の工学教育に二重性があったことを意味する。工部大学校と東京大学工芸学部は明治19（1886）年の

第7章　美術建築のパイオニアと謹厳実直のエンジニア　辰野金吾　129

帝国大学設置に際して統合されるが、教育姿勢の二重性は、工学界における学閥としてのちのちまで影響を残していくこととなる。

　辰野は工部大学校予科の2年修了時の明治8（1875）年、造船から造家（建築）学科に転じることになった。明治10（1877）年にロンドン出身の建築家ジョサイア・コンドルが工部大学校造家学教授に就任すると、辰野はコンドルの下で造家学を学び、大きく彼の影響を受けることになる。コンドル自身の推挙により辰野が造家学の首席となったと言われている。辰野ののちの人生が、すべてコンドルとの出会いによって運命付けられたとも言われている。

　工部大学校において辰野は造船学を専攻していたが、明治10（1877）年に造家学のイギリス人教師団が来日し、建築家コンドルが赴任したのとあわせて造家学へ転科したようである。当時、造家学を専攻した学生も造家学を希望する学生もそれほど多くはなく、人気も高くなく、また学生達の成績もそれほど高くはなかったようである。造家学は芸術、美術と工学とが混ざり合った学問とみなされていたことによったのかもしれない。辰野は工部大学校時代、ひたすら勉学に励む日々を過ごしたと言われている。辰野がコンドル教授から直接講義を受けた期間はさほど長くはなかったようであるが、辰野が建築の芸術性を重視するコンドル教授から少なからぬ影響を受けたことは事実であろう。彼の唐津時代からの故郷の友人曾禰も工部大学校時代はかなり日々勉学に励み、辰野に負けず劣らず真面目に勉強したようである。辰野は明治12（1879）年造家学科を首席で卒業するが、同期生にはのちに辰野とお互いに深く交流することになる曽禰達蔵、片山東熊、佐立七次郎らがいた。彼らは辰野の工部大学校時代の仲の良い学友で、卒業後もお互いに連絡を保ちつつ、協力し合い、励まし合いながら日本の建築界をリードする人生を送ることになる。

　のちに辰野金吾が日銀本店と東京駅を造り、片山東熊は赤坂離宮を

設計し、曾禰達蔵は東京丸の内の計画案を作成した。このように辰野の工部大学校時代の友人達はいずれもわが国の建築界の当時のリーダーとなったと言える。片山東熊は、堂々たる体軀の持ち主で、度量が広く大らかな性格であったと言われている。長州出身で奇兵隊にも所属していた片山は、山縣有朋と懇意にしており、のちに山縣の庇護を受けて宮内省に入り、宮廷建築家として華麗な宮殿建築を多数残していくことになる。工部大学校在学中に造家学の同級生4名の間で建築設計のコンペが行われたことがあり、当時陸軍卿であった山縣が麴町区五番町の自邸を新築するに当たり、同郷の片山を通じて、在学4名による設計コンペを行うよう提案したものである。全員が設計案を提示したものの、結局片山案が採用され実現された。これが日本人建築家最初の作品となった。[2] もう一人の同級生である佐立七次郎は、大柄な体格ながらも小心な面を持っていたようである。佐立は、活躍していたにもかかわらず、社会との関係を断ち、自宅に引きこもってしまった時期もあったという。しかし、学生時代以来、辰野や曾禰とは深い絆で結ばれていたようである。

　工部大学校では寮生活を送ったため、他学科の学友とも隔てなく交流ができた。寮では専門科に進む段階から学科ごとに同室することになったが、寮のホールには多数の学生が集まり、遅くまで皆が一生懸命に勉強していたという。このように工部大学校時代の学科を越えた交流は、その後も長く生涯続くことになる。工部大学校の同窓生達がお互いの友人関係を卒業後にも継続し、お互いに協力し合えたのは、このような学生時代の猛烈な勉強に励んだ、そして生活を共にする中で友情をはぐくんだという共通の経験と思い出を有していることによるのではなかろうか。

　辰野ら4名の造家学専攻の学生はいずれも "Thesis on the future domestic architecture in Japan" というタイトルで論文を執筆した。

これらの論文はすべて現在東京大学大学院工学系研究科建築学専攻に保存されている。辰野は卒業設計のテーマとして自然史博物館を取り上げている。辰野の卒業論文についてのコンドル教授の評価は次のようなものであった。"論文の整理はよくできており、曾禰君のものに大変似ている。自身の考察のようなところは、大変注意深く、かつ上手に数学的に扱われている。論者は、将来の装飾あるいは様式という点をよく考えているが、これといった結論あるいは提言に至っていない。提案の中でも、実地上の部分は実に不足なく完璧である。それらの点は申し分ない。"[3]

コンドル教授は、辰野論文に特に高い評価を与えているとは言えないであろうが、建築実施上の提案を完璧であると述べているのは、辰野のその後の建築家としての活躍を暗示しているようである。また、評価の中に曾禰論文と比較し、引用している点は興味深い。コンドル教授にとっても辰野と曾禰の友人関係について、何か思うところがあったのではないかとも思えるのである。

工部大学校の学生がかなり勉強をしないと卒業できないため、辰野も在学中は生活のほとんどすべてを勉強に打ち込んでいたようである。その成果もあって、辰野は造家学専攻の首席となるが、工部大学校の成績評価はかなり厳密、厳格に行われており、入学以来の試験、成績、卒業設計、論文卒業試験をすべて定量的に評価した上で最終決定していたようである。その意味からしても、辰野の首席は彼の"猛烈な頑張り"によるものと言えるであろう。

工部大学校卒業から帝国大学工科大学学長へ

　工部大学校１期生の中の成績優秀者は、イギリス留学が認められ、主にグラスゴー大学で学ぶ機会を与えられた。彼らはいずれも特に成績優秀であったと言われている。辰野金吾も造家学科首席であったため、英国留学が認められた。辰野をはじめすべての学科の首席学生10名の中で成績評価が最高得点であったのは、電信学の志田林三郎（1856-1892）であった。志田は子供の時から神童の誉れ高く、特に数学が得意で、グラスゴー大学に留学し、研究を行い、工部大学校、帝国大学の教授を経て、日本初の工学博士となった。電気工学の志田林三郎は、ケルビン卿から、私が教えた中で最高の学生であるとの高い評価を得たようである。他にも、のちに工部大学校教授となるが、その翌年に夭折した高山直質、鉄道技師として働き、のちに九州鉄道、山陽鉄道などの日本の鉄道会社の経営に携わった南清など、工部大学校の１期生には多くの優秀な学生達がいた。彼らが厳しい教育を受けつつ、勉学に励んだことによるのであろう。

　辰野は明治13（1880）年に他の学科の首席卒業者10名と共に官費留学生としてイギリスへ留学することになった。彼らは２年間イギリスに滞在した後、１年間かけてフランス、イタリアを訪れている。この英国留学における辰野の主目的は建築学を学ぶというよりも、日本でどのように建築教育をすべきかを調査するための教員研修的なものであった。彼らは明治16（1883）年に帰国したが、辰野はその間の記録を「辰野金吾滞欧野帳」として４冊、英語で著している。これは辰野による「建築物写生帳五冊」の中の一部であるとみなされている。「辰野金吾滞欧野帳」は辰野が旅を進めて行く中で、気が付いたことやスケッチしたいと思ったものに出会うと、ただちにそれらを描いた

第７章　美術建築のパイオニアと謹厳実直のエンジニア　辰野金吾　　133

もので、その時々の辰野の意気込みが伝わってくるものである。この「辰野金吾滞欧野帳」には建築の全体像をスケッチしたものは1枚もなく、建築の屋根や窓、軒下の装飾帯、柱頭の装飾など、すべて建築全体のうちのごく一部である。つまり、このことは辰野が西洋建築において建築装飾を特に意識していたことを物語っていると言えよう。このように「辰野金吾滞欧野帳」の内容は多岐にわたる豊富なものである。したがって、イギリス留学中の辰野の行動、フランス、イタリアの旅程の詳細が生き生きと伝わってくるため、この訪欧が辰野のその後の建築観の土台となったことが分かる。辰野はコンドル教授の前の職場であるバージェス建築事務所と彼の出身校であるロンドン大学で学び、明治16（1883）年に日本に帰国した。そして翌明治17（1884）年にコンドル教授の退官後、工部大学校教授に就任することになった。

　辰野はジョサイア・コンドルが明治10（1877）年に来日して以来工部大学校でその指導を受けたが、辰野にとっては、その後の彼の建築家としての実績を考えると、コンドルよりもイギリス留学中に指導を受けたウィリアム・バージェス（William Burges, 1827-1881）の方が大きな影響を及ぼしたと言えるのではなかろうか。一方、コンドルとバージェスについても、来日以前のコンドルがバージェスの事務所にいたことからも、彼らが少なからぬ共通の建築観を持っていたことは事実であろう。バージェスは中世ヨーロッパの建築と社会の価値を再構築することを追求しつつ、ゴシック復古調の伝統に基づいて、19世紀ヨーロッパにおけるアーツ・アンド・クラフト運動、そしてジャポニズムにも積極的な建築家であった。彼の建築物として有名なのはアイルランドのコークにあるセント・フィン・バーレ大聖堂、カーディフ城、カステル・コックなどで、建築家達からも高い評価を得た。彼は大聖堂、教会、城、大学、学校など多くの建物建築を手掛けたが、建築家としての経歴は短く、53歳で亡くなっている。辰野がバージェ

スの建築事務所で学び、経験したことは、建築家としての心構えから、その後の彼の建築の基本概念とも言うべき美術建築の概念、そして美術家との共同作業など彼の建築哲学のすべてを含むものであったと言える。

　辰野は2年間の英国滞在のうちの後半1年間はフランス、イタリアへの建築見学の旅をして過ごした。これは他の留学生のほとんどがロンドンに留まったこととまったく異なる点である。このことは結果的に、その後の彼の建築観の醸成に大きく影響することになるが、そこは"旅をすることによって教養を高める"という英国の伝統であるグランド・ツアーの考え方に基づいていると言える。バージェスは"すべての建築家、とりわけ美術建築家は旅をすべきである。各々の時代において、さまざまな人々が、どれだけ多種多様な美術上の問題を解決してきたのかを理解することが、美術建築家には絶対的に必要であるから。"[4]に表されているように、旅をすることこそが美術建築家にとって必要なものであると考えていた。

　バージェスは辰野がロンドンに着いて1年後に若くして53歳で亡くなっているが、短期間とはいえ、バージェスの建築観に触れたことは、その後の辰野の建築家としての活躍に最も大きな影響を及ぼしたと言えるであろう。特にフランス、イタリアを旅し、各地で多くの建築物を眺め、そして触れ、ヨーロッパの古典の教養を習得し、ルネサンス文化を知る貴重な体験となったようである。

　2年間に及ぶヨーロッパ留学を終えて帰国した辰野にとっての主な仕事は、工部大学校及び帝国大学における建築教育、造家学会の設立、中堅技術者養成のための工手学校の設立、そしていろいろな美術家との積極的な交流などであった。辰野は明治17（1884）年にフランス、イタリアへのグランド・ツアーを終え、コンドル教授の後任として工部大学校教授に就任する。当時の工部大学校の卒業生は工部省に奉職

第7章　美術建築のパイオニアと謹厳実直のエンジニア　辰野金吾　　135

し、卒業後7年間奉職することが義務付けられていた。辰野は営繕課所属となり、1年半ほど営繕業務を担当し、工部権少技長に任ぜられ、建築関係の技術者の統括を行っている。工部大学校教授は本省勤務の兼務として明治17（1884）年12月頃からコンドル教授の後任として行っていたようである。

　辰野は、工部大学校が帝国大学工科大学と改称されたのに伴って明治19（1886）年帝国大学工科大学教授に着任した。辰野の教育者としてのキャリアは、この時から始まったと言える。そこでまず辰野が実行したのはカリキュラムの変更であった。特徴的なのは、彼が工部大学校時代から考えていた、いわゆる"美術建築"を実現すべく"自在画"、そして日本建築の特性を体系的に整理すべく"日本建築学"、そして科学的な研究分野として"材料構造"といった科目を新設し、教育と研究の対象とすることであった。さらにこれらの科目新設に当たっては、日本特有の自然災害である地震を考慮すべく、"地震学"といった科目の重要性を強調している。辰野は日本建築学の講義に当たっても、日本の風土と歴史に基づいた建築を目指した一方で、日本特有の自然災害である地震に強い建築をかなり真剣に考えていた。辰野は震災予防調査委員を務めた後、明治34（1901）年には会長に就任している。のちに耐震工学研究の大家となる佐野利器は、辰野が"建築家は同時に工学者でなければならない"として architect as well as engineer と述べたことを常に強調していたようである。

　辰野は、工部大学校教授就任後は、カリキュラムの作成、教育内容等をほとんどコンドル教授の路線にしたがって継承した。そうした中、翌明治18（1885）年には工部大学校の所管官庁である工部省が廃省となった。工部省は、殖産興業を官主導で進める役割を一定程度果たした後、内閣制度発足に合わせて、明治18（1885）年に廃止された。これに伴い工部大学校は東京大学工芸学部と統合されて文部省に移管さ

れ、翌明治19（1886）年3月の帝国大学設置に際し、帝国大学工科大学へと改組された。のちに東京帝国大学工科大学へと改称され、現在の東京大学工学部へと続いていく。この辺の詳細については、『東京大学第二工学部の光芒－現代高等教育への示唆』[5]を参照されたい。

　内閣制度の発足によって行われた機構改革の中で、技術官僚が主業的役割を担っていた工部省は、殖産興業政策推進の役割を終えたとみなされ、工部省の担当していた職務は農商務省、逓信省、文部省、大蔵省にそれぞれ移管されることになった。工部省が技術者集団の組織であったことからも、政治的立場あるいは交渉力が弱かったことが背景にある一要因と言えるのではなかろうか。

　このような経緯を経て、辰野は翌年の明治19（1886）年には工部権少技長を退官し、兼任している工部大学校教授も辞することになる。そしてこの年に自ら経営に携わる辰野建築事務所を開設することになった。辰野が辞職したのは大倉財閥の始祖である大倉喜八郎らが設立した建築会社である日本土木会社（のちの大倉土木、現在の大成建設）に招聘されたことによるものであった。日本土木会社は渋沢栄一が後ろ盾となって設立した会社だったので、旧知の渋沢を介して辰野は大倉らとのつながりを得たのだろう。しかしながら、辰野はこの大倉建設会社をすぐに離れ、自ら辰野建設事務所を開設することになる。辰野は同じ明治19（1886）年4月には、工科大学教授に就任していることから、1885年から1886年という年は辰野にとってかなり目まぐるしい1年だったと言えるのではなかろうか。

　このようにして辰野の建築家としてのスタートが切られたことになる。しかしながら辰野は退官後、ただちにまた同明治19（1886）年に工部大学校教授嘱託となる。このことについて『東京、はじまる』[6]では、これは工部大学校が東京大学工芸学部と合併した際に、両者の力関係から工部大学校がいわば敗者となったことによって、工部大学校

第7章　美術建築のパイオニアと謹厳実直のエンジニア　辰野金吾　　137

出身者が冷遇されたことを意味すると述べられている。いずれにせよ明治19（1886）年帝国大学令が制定され、工部大学校は帝国大学の一部としての分科大学である工科大学に改組された。工科大学では教授職は東京大学出身者がすべてを占めていたが、造家学科は東京大学には存在しなかったことから、辰野が教授に就任することになった。ちなみにこの時造家学科の教授職を競った小島憲之はやはり東京大学の前身である大学南校（のちに開成学校と改称される）中退後に米国コーネル大学で建築を学び、明治14（1881）年から東京大学理学部に教員として勤務していた。小島はその後第一高等中学校の英語教師となり、夏目漱石などの秀才を育てている。

　帝国大学では明治26（1893）年の制度改革で講座制が採用されることになった。それに伴って造家学科は3講座となり、辰野は第一講座の中村遼太郎、第三講座の石井敬吉と共に第二講座を担当することになった。第二講座は建築設計を中心に担当したが、辰野は建築設計を中心に多くの科目を担当し、総合的な教育を実行していたようである。彼の教育に当たっては、辰野が英国留学中に University College London で学んだ西洋建築についての知識と経験が大きく影響していたようである。辰野の学生への教育態度はかなり厳しく頑固であったようで、辰野堅固のニックネームもこの頃に生まれたのではなかろうか。

　明治31（1898）年、辰野は初代工科大学長の土木学者古市公威（1854-1934）の後を受けて工科大学長に就任した。辰野は4年後の明治35（1902）年には東京帝国大学教授を辞職し、同時に工科大学長も退いている。したがって辰野の工科大学長在任期間は4年間ということになる。初代の古市公威が11年間、そして辰野の後を引き継いだ鉱山学者の渡辺渡（1859-1919）が16年間という長い在任期間を有したのと比較するといかにも短いのが分かる。この辺の背景事情について

は、『東京、はじまる』[7]では、工学における建築学の力学関係（建築学の地位は決して高くなかったこと）、工部大学校と東京大学との学閥問題（古市と渡辺はいずれも東京大学出身で、辰野だけ工部大学校卒業であったこと）などがあるのではないかと述べられている。

　辰野が工科大学を病気療養を理由に退職する時には49歳であった。辰野は民間建築事務所を経営する夢を捨て難かったのが辞職の理由であるとも言われているようである。

建築家としての辰野の活躍

　辰野は明治19（1886）年に造家学会（現在の日本建築学会）を設立し、初代会長となった。同時に辰野金吾建築事務所を設立した（所員は岡田時太郎）。初代東京帝国大学総長である渡辺洪基の発案によって、中堅技術者を養成するための工手学校（現在の工学院大学）の創設が提起され、辰野は明治20（1887）年工手学校の設立に参加することになった。辰野は明治31（1898）年に帝国大学工科大学学長になるが、建築学を日本の文化と風土の中に根付かせるべく、建築学は大学での教育に留まるべきではないという考えの下に、4年後の明治35（1902）年には工科大学を辞職した。その翌明治36（1903）年には葛西萬司と辰野・葛西事務所（東京）を開設し、さらに明治38（1905）年には片岡安と辰野・片岡事務所を開設（大阪）した。さらには工手学校以外にも自ら、東京高等工業学校、早稲田大学建築学科顧問に就任（明治45〈1912〉年）するなど、積極的な活動を続けた。それ以降も辰野は民間の建築家として、全国津々浦々に膨大な数の建築物を建てていくことになる。

　明治35（1902）年に辰野が東京帝国大学教授を依願退官した後は、

東京と大阪の辰野建築事務所での仕事が主となり、この頃の辰野の作品はいわゆる辰野式建築と呼ばれる形式となった。辰野の東京事務所は葛西萬司と共同で辰野・葛西建築事務所として明治40（1907）年に東京駅の建築設計契約を成立させた。東京駅は最初ドイツ人鉄道技術者フランツ・バルツァーによって和風様式を取り入れた形で設計されたが、彼の帰国後、明治36（1903）年に辰野・葛西設計事務所が引き継ぎ、完全に洋風のデザインに造り変えたものである。さらに2階建てから総3階建てへと変更し、大正3（1914）年に竣工した。

　いわゆる辰野式建築と呼ばれる辰野の代表的作品としては、辰野式建築の第一号と言われている東京火災保険会社（東京、明治38〈1905〉年竣工）、そして旧日本生命保険会社九州支店（福岡市、明治42〈1909〉年竣工）などがある。これらの特徴として挙げられるのは、左右対称性を意識し、ゴシック様式を取り入れたルネサンス様式とも言うべきもので、全体として古典的な安定した落ち着きのある建物が多い。

　日本が近代国家であると世界に認知されるためには、近代化を示すための器、現代で言う社会的・象徴的インフラが必要である、しかもそれを日本人の手でやるべきであるというのが辰野の考え方であった。彼が生涯のうちに設計したかった建築物として、国立銀行、中央停車場、国会議事堂を挙げたのは、まさにそのような彼の考え方に基づくものであった。実際辰野は、日本銀行の本店、各地の支店、そして今でも国民全体に愛される象徴的記念碑的建物としての東京駅の設計を担当し、完成実現したのである。日本銀行本店（明治32〈1899〉年竣工）はベルギー銀行の建物をモデルにしたと言われている。辰野は1年間の欧米の銀行建築調査のための視察旅行に出かけた。辰野はロンドンでバージェス事務所を引き継いだ建築家のジョン・スターリング・チャブルの助言を受け、その後ベルギーの建築家アンリ・ベイ

ヤールの指導を受け、日本銀行本店建築のための設計案を作成したと言われている。日本銀行本店は日本人建築家が設計・施工した最初の洋式建築である。『東京、はじまる』[8]によると、曾禰達蔵が辰野を説得して中央停車場（東京駅）建築の仕事を引き受けさせる経緯が詳細に描かれている。それによると、話を持ってきた曾禰に対して辰野が、曾禰が引き受けるべきであると主張して怒ったのを、逆に辰野こそがそれに値する建築家であって、どうしても辰野がやるべきであると曾禰が説得する状況が小説風に描かれている。東京駅の設計は明治36（1903）年に開始され、途中日露戦争勃発によって中断を余儀なくされたものの、8年を要したと言われている。明治41（1908）年に起工後、6年を経て大正3（1914）年に竣工に至った。

美術建築、家族、そして晩年

　工学分野の中では辰野は工部大学校の卒業生として東京大学卒業生と対抗して苦難の道をたどったが、建築界全体から見ると、東京大学卒業生のグループは少数で、それほど大きな勢力ではなかった。辰野は建築界の中枢を占める地位まで登りつめたとも言えるであろうが、建築家としての存在感を示す中で、妻木頼黄を中心する官僚建築家のグループが新たな対抗勢力として現れた。妻木は辰野の5期後に工部大学校造家科に入学したが、中退して渡米し、コーネル大学で建築を学び、学士号を取得した人物である。下級武士の家に生まれた辰野とは異なり、妻木は旗本の長男として江戸に生まれている。帰国後は一貫して官庁営繕に身を置き、官僚建築家の中心として影響力をふるった。議院建築問題が表面化した時に辰野と妻木は対立することになった。辰野は日本銀行、東京駅、そして国会議事堂という東京の三大建

築を自ら設計することへの強い意欲を持っていた。前二者は設計を手掛けることができたが、当時「議院建築」と呼ばれた国会議事堂については、辰野の存命中に建設されることはなかった。この「議院建築」に、辰野は特に執着していたようで、工科大学造家学科での教育においても、第2学年のカリキュラムをすべて議院建築の学習と設計に費やしたということが座談会の中で述べられている。[9]

　辰野は大学を離れ、民間での活動に主体を移す中で、明治43（1910）年には国会議事堂（議院建築）の建設をめぐり、妻木を中心に大蔵省建築部の下で設計案が明治30（1897）年頃から作成されるのに対抗して、東京帝国大学の弟子達を総動員して建築設計競技を実施すべきであると強く主張した。両グループによる激しい議論を戦わせた結果、辰野らの主張する設計競技案は一旦退けられたが、大正5（1916）年に妻木が没したため、その2年後の大正7（1918）年に設計コンペが実施されることになった。辰野は、大正8（1919）年には国会議事堂の設計コンペで審査員を務めた。しかし翌年には辰野も妻木に続いて世を去り、自身が議事堂の建築を手掛けることはなかった。設計は結局、設計コンペの1等案を基にしつつも、臨時議院建築局の手によって実施されることになった。このようにして辰野は、妻木を中心とする政府営繕組織対東京帝国大学建築学科という建築界における対立構図の中で自らの"弱さ"をも経験することにはなったものの、建築家、技術者、施工業者が一体となった総合的な場を作るべく努力することを主張した。辰野の描いた構想は造家学会の中で実現を目指すべく、続けられることになる。その一つが民を中心とした建築界における"美術建築"の実現と言えるのではなかろうか。

　帝国大学工科大学造家学科において辰野が行った建築教育は、フランスの美術アカデミーであるエコール・デ・ボザールでの教育に代表される、芸術としての建築に重きを置いた教育であった。明治25

（1892）年に工部大学校を卒業した伊東忠太は、当時の辰野が語っていた教育方針を次のように伝えている。"凡そ建築は一面に於て芸術であり他面に於て構造を研究する学問である。構造の方は数理で押していくから解決に難くないが、芸術的方面は理屈ではいかぬから六ヶ敷い（むずかしい）。今日の建築の欠点は芸術方面が遅れて居ることである。諸君はこの点に注意せねばならぬ。"[10]

　美術建築は art-architecture の訳で、辰野が留学していた頃のイギリスで流行しており、中世礼讃、そしてゴシック・リバイバルとも呼ばれている。辰野は、美術あるいは芸術としての建築というよりは、それをさらに進めて美術家との直接の交流によって美術界にも深く入り込んだ美術教育を踏まえた建築様式と言ったものを目指していたようである。したがって工部大学校において工学的興味と関心に基づいて造家学を専攻することになった辰野は、イギリス留学を経てヨーロッパで学んだ経験、そしてグランド・ツアーの経験をもとに芸術面への志向を強めたと言えるのではなかろうか。明治期の日本における美術建築の最も代表的なものは、片山東熊によって設計された宮殿建築で、明治42（1909）年に竣工された東宮御所であろう。宮殿内には黒田清輝、浅田忠らの画家による絵画、織物、緞帳、大理石装飾、寄木張りの床など、当代一流の美術家、工芸家による豪華な装飾が見られる。一方では、銅像の台座も美術建築の代表的な設計に基づくと言われる。代表的なものとしては、西洋風の銅像の最初と言われる、靖国神社境内にある大村益次郎像、東京駅丸の内北口にある井上子爵像などがある。辰野が手掛けたとされる銅像台座は井上子爵像、松崎大尉像、品川彌二郎像などの台座である。井上子爵は幕末にイギリスへ密航した長州五傑の一人で、日本の鉄道の父と呼ばれた井上勝によって建てられた銅像の除幕式は大正3（1914）年に行われたが、大隈重信、渋沢栄一らも出席したと言われている。品川彌二郎銅像の台座は

第7章　美術建築のパイオニアと謹厳実直のエンジニア 辰野金吾　　143

九段坂公園に靖国神社の方を向いて建っているが、高村光雲、本山白雲の師弟による作である。

　辰野は生涯に 200 棟を超える建築設計を行ったと言われている。辰野が建築設計を開始したのはイギリス、欧州留学から帰国して、明治16（1883）年に工部省営繕課に入ってからである。初期の代表的なものとしては、銀行集会所、渋沢栄一邸がある。この頃の辰野はヨーロッパからの帰国直後であったこともあり、イギリス流、ヨーロッパ風の雰囲気が感じられる建築である。辰野が帰国した明治16（1883）年には渋沢栄一が銀行集会所の総代であったことから渋沢は工部省御用掛に建物の設計を依頼し、当時まだ若手の新進建築家の辰野が担当することになり、2 年後の明治18（1885）年に銀行集会所が辰野の処女作として完成した。明治21（1888）年に兜町の日本橋川沿いに完成した渋沢栄一邸も外観はベネチアン・ゴシック様式のデザインであった。渋沢邸は、渋沢が東京の商業の中心である兜町に迎賓施設もかねて建てたものである。その後、辰野は明治21（1888）年に日本銀行本店の設計を委託され、その調査で欧米に視察に出かけたため、辰野建築事務所の仕事を中断する。日本銀行本店の設計を行ったことから、辰野は全国の支店の設計も行うことになった。辰野は井上馨の後任として、当時工部省の工部卿であった山尾庸三から日銀設計を指名された。辰野にとって国家を代表する仕事を引き受ける初めての機会となった。この時、辰野は再び、明治21（1888）年から 1 年をかけてアメリカ、ヨーロッパ諸国を回り、世界各国の議院、官庁建築などの公共建築を調査している。日銀本店の建物は当初は石造りの予定であったが、明治24（1891）年に起こった濃尾震災によって、現地の被害を視察した辰野が煉瓦造石張りに変更したと言われている。

　辰野の作品には和風建築、あるいは和洋折衷とも言うべきものもかなり残されている。代表的なものとしては明治42（1909）年竣工の奈

良ホテル、大正2（1913）年竣工の潮湯別館、1915（大正4）年竣工の武雄温泉新館などがある。潮湯別館（河内長野市）は堺大浜に洋風の混浴施設である潮湯の拡張建物として建てられたものである。昭和10（1935）年に河内長野市に移築され、旅館南大苑として現在も使われている。この建物は伝統的な、そして背塔的な書院造であって、西洋建築の雰囲気は全く感じられない。大正4（1915）年に竣工された武雄温泉楼門は、辰野の出身地である佐賀県の武雄温泉の共同浴場として建設された。楼門は下層部分を漆喰で塗る竜宮門の形式で、下層側面が張り出し、洋風の技法も用いられている。この門の上層部分の天井には、通気口として透かし彫りされた十二支のうちの東西南北を示す四支の動物像があり、現在の東京駅南北ドーム上部メダイヨンに飾られた八支の動物像と合わせて一組になることを付け加えておこう。辰野の和風建築は伝統的な格式を重んじる書院造の形式をとりつつ、天井の高い洋風の造りを折衷したものが多い。辰野の建築の作風を振り返る時、工学的興味から出発し、美術建築へと移っていく中でも、常に根底に流れていたのはルネサンス様式への志向と、芸術的側面、様式の重視ということであったのではなかろうか。その思想と考え方が弟子達にも伝わり、いわゆる辰野式建築として結実したと言えるであろう。辰野は明治末期になるとわが国の建築界の風潮が外観にこだわりすぎ、いわゆる芸術的美的側面が強調されすぎていることを嘆き、より工学的観点も再び取り戻す必要があると述べている。つまり工学と美術との乖離が広がりすぎることを戒めている。このことは建築界における永遠のテーマなのかもしれないと思えるのである。

　辰野は家族の中で息子の隆が東大の法科を卒業して文科に再入学しようとした時、かなり反対したようである。言い争いをして、最後に父親の金吾が折れて、「そんなに文学の道に進みたいのなら、お前の好きなようにしろ。ただ学者を目指せ。間違っても文士などにはなる

なよ」と言ったとのことである。[11] 以後、隆は父の言葉を守り、文学を志向する中で、それまで日本では主に英訳を通じて読まれていたフランス文学を原語で読み、研究しようとした。そのため大学院に入学し、副手を務めた後、33歳で2年間フランスに留学した。そして帰国後、東京帝国大学文学部の仏蘭西文学講座において初代担当教授に就任した。以来、彼の研究室からは渡部一夫、小林秀雄、三好達治、中村光夫、森有正らの俊才が輩出した。わが国の仏蘭西文学研究は、まさに辰野隆によって誕生したと言っていい。昭和5（1930）年には『ボオドレエル研究序説』により、文学博士の学位も授与されている。建築とフランス文学—学問と対象と時期は違っていたけれど、ヨーロッパに留学し、帰国後は日本人の初代教授として、新しい分野を切り開いた隆自身、父の金吾の後を追ってきたと言えるのではないだろうか。隆は性格的には、謹厳で生真面目な父金吾とはかなり違っていると言われる。しかしながら人生において、親の存在や生き方は子に大きな影響を及ぼすというが、隆の場合も例外ではなかったのであろうと思われる。

　辰野が工部大学校時代にかなりの猛勉強をしていたことは前述の通りであるが、長男隆の著書『父の書斎』にあるように、「辰野は度々、長男隆に『自分は一度でも秀才であった例しはない。しかし、いかなる秀才も自分ほど勉強家ではなかった。秀才が一度聞いて覚えることは自分は十度尋ね、二十度質して覚えた。貴様たちもその意気で勉強しろ』と語ったという。」[12]

　また辰野の工部大学校時代の同級生で同郷の曾禰とは生涯を通じての友人となるが、"曾禰も辰野に負けず劣らずの勉強家であったが、同級の小花冬吉（1856-1934）が長男隆に語ったところによれば、「御前のおやじと曾禰君は、大変な勉強家だった。曾禰君が散歩から帰ってくると、辰野君が勉強している。またかといって曾禰君が心配そう

な顔をしたくらいだった。それ程御前のおやじはクソ勉強だった"[13] という。卒業後の曾禰は、その温厚な性格も手伝い、第一線に立っていく辰野からは一歩引いて、日本の建築界を俯瞰しつつ、縁の下からそれを支えていったのである。

辰野は大正7（1918）年冬から気管支炎を患い、千葉の館山の別荘で静養している中、翌年3月に議院建築コンペの審査のために無理を押して上京した後、当時大流行したスペインかぜに罹患し、肺炎をこじらせて3月25日帰らぬ人となった。享年66歳であった。まさに議院建築には命がけであった辰野らしい死に方とも言えるであろうが、何より本人にとっては、議院建築は最も心残りの案件であったのではなかろうか。本人の口惜しさと心残りが思いやられる。

おわりに

『ミネルヴァ日本評伝選　辰野金吾―美術は建築に応用されざるべからず』最終章の「終焉の記」には、以下のように書かれている。"辰野の死は、明治の建築界を牽引した一代の巨人にふさわしい勇壮なものであった。死期を悟った辰野は、妻秀子に体を起こさせて感謝の意を述べた後、集う人々の前で万歳を連呼した。次いで曾禰達蔵に議院建築の後事を託し、ゆっくりと眠るように息を引き取った。私事を顧みず、毅然とした態度を貫いて死を迎えた姿に強く心を揺さぶられた長男隆は、詩情豊かに父の追悼文「終焉の記」をしたため、「実に彼は男なりき。善き父なりき。」と結んだ。"[14]

辰野家の金吾が残した家訓として、「建築家にはなるな」という言葉が残っているとのことである。わが国の美術建築のパイオニアとして建築界に大きな業績と実績を残し、貢献をした辰野の言葉として意

外な感じが避けられないが、謹厳実直な辰野の人生が、一方ではさまざまな闘いと敗北と苦悩の連続だったことを思えば、納得できる気もするのである。

『建築雑誌』に掲載された「父の思い出」には、"晩年、自らの設計した建築のうち気に入ったものは何かと息子たちから問われた辰野は、「何一つない。俺は一生懸命やったが駄目だなあ」と答えたと書かれている。けれども、臨終に際して、夢の中で「縦からみても横からみても」と言って実に楽しそうな顔をしたという。建築の模型を手に抱えていろいろな角度から眺めるような夢だったのだろう。どこから見ても満足のいく理想の建築に、ついにたどり着いたと思えた瞬間だった。この言葉を聞いた曾禰は、建築家の最後として幸せなことだ。"[15]という感想を残している。建築家としての人生を全うした辰野にとってはもちろんのこと、その最も身近にいた友人の曾禰にとっても、建築家の苦労と悩みをお互いに知り尽くしている人物にしか分からない、まさに本心からの言葉と言えるのではなかろうか。

辰野の人生は、工学の中の建築、美術の中の建築、そして社会の中の建築のそれぞれを追い求めて格闘を続けた一生であると言えるかもしれない。晩年に、これらのいずれかに偏り過ぎではいけないと当時の建築界に警告を残してこの世を去った辰野である。謹厳実直な努力家が挫折と成功を繰り返しつつ走り続けた一生は、本人にとっては決してすべてが満足のいくものではなかったかもしれない。しかしながら、彼の人生の物語は建築家以外のわれわれにとっても多々、そして十分に教えられることの多い、学ぶべき点の多い人生であることは事実であろう。辰野の眠る墓は、西新宿の常圓寺裏手の同寺墓地に、高層ビルに囲まれるようにひっそりと佇んでいる。辰野の死後、細分化、高度化を進め、発展を続けてきた現在の建築界の状況を、彼がどう見て、何と言うかを聞きたいものである。

[注]

1　大山達雄、前田正史編著『東京大学第二工学部の光芒－現代高等教育への示唆』東京大学出版会、2014

2　門井慶喜『東京、はじまる』文藝春秋、2020、p.29

3　同書、p.32

4　同書、p.58

5　大山、前田編著、前掲書、p.12

6　門井、前掲書、p.94

7　同書、p.103

8　同書、pp.220-271

9　回顧座談会「建築雑誌」臨時増刊、1936

10　伊東忠太「法隆寺研究の動機」、『建築史研究』第2巻、1号、1940

11　東秀紀『東京駅の建築家　辰野金吾伝』講談社、2002、p.451

12　辰野隆『父の書斎』弘文堂書房、1939、p.28

13　辰野隆「父の思い出」、『建築雑誌』844号、1957

14　河上眞理, 清水重敦『ミネルヴァ日本評伝選　辰野金吾—美術は建築に応用されざるべからず』ミネルヴァ書房、2015

15　辰野、前掲13

第8章

技術の社会貢献に尽くした
稀有の国家的実業家
渋沢栄一

◇

　渋沢栄一は、最近のNHKの大河ドラマ「青天を衝け」（2021年2月から12月にかけて放送）でも取り上げられたように、わが国の一般市民の間に最も名前の知られた明治期の実業家の一人であると言っても過言ではないであろう。本書ではこれまで明治初期においてわが国の技術開発の礎を作り、その後のわが国の産業発展、振興に貢献した人々を取り上げてきた。個人を取り上げる最後に当たって、技術というものは実際の社会の中で利用され、一般市民の生活向上に役立って初めてその貢献が認められ、価値が認識され、そしてその重要性が評価されることになるということを考える時、渋沢栄一の名前は忘れてはならない人物であると思える。そのような意味から、最後に本章で渋沢栄一を取り上げることにした次第である。渋沢の名前は渋澤、澁澤などと旧字体でいろいろな形で表記されるが、本章では読みやすくするために渋沢栄一として統一的に表記する。

出典：国立国会図書館
「近代日本人の肖像」

◇

第8章　技術の社会貢献に尽くした稀有の国家的実業家　渋沢栄一　　153

生い立ちから一橋慶喜の幕臣になるまで

　渋沢栄一は武蔵国榛沢郡血洗島村（現・埼玉県深谷市血洗島）に渋沢市郎右衛門とゑいの長男として天保11（1840）年2月に誕生した。渋沢家は藍玉の製造販売と養蚕を兼営する百姓で、原料の買い入れから製造、販売までを担っていた。栄一は子供時代から、父と共に信州や上州まで製品の藍玉を売り歩く他、原料の藍葉の仕入れ調達にも携わった。このような子供時代の栄一の体験は、彼が合理的な商才を身につける上でも役に立ったと言えるであろう。栄一は14、15歳になってからは、藍葉の仕入れ、販売に当たってはすでに単身で担当していたようである。彼は成人になって後は、欧州を視察し、進んだ経済のシステム、仕組み、制度を目の当たりにすることになるが、子供時代の積極さ、独立心、そして好奇心の旺盛な性格、合理的な商業的センスを持ち合わせた才能は、成人した後にもさらに磨きがかかって、現実的な合理主義思想を備えた実業家として発揮されることになったと言えよう。

　栄一は5歳の時から父の市郎右衛門の漢籍の手ほどきを受け、従兄の尾高惇忠の下で論語、四書五経、日本外史などを学んだ。したがって、栄一は子供時代から読み・書き・そろばんに加えて深い知識と教養を身につけたと言える。栄一が合理的精神と強い正義感を備えていたことを物語るエピソードとして、大河ドラマの「青天を衝け」でも取り上げられた、栄一16歳の時の出来事がある。当時血洗島を治めていた岡部藩の陣屋に父の代理で行った時に、地区の富豪達に御用金として500両を納めるように言われた栄一は、他の富豪達が皆承諾する中、「自分は父の代理で来たので、その場では承諾できない。帰って父に報告したうえ、改めて出向きます」と答えて、代官を怒らせたと

言われる。不合理なことに対する反骨精神、身分制社会への反発、そして官尊民卑の打破といった栄一の生涯の姿勢の基盤はこの辺りにあるような気がする。

当時、血洗島村の南側は中山道の深谷宿が栄えていた。一方、北側も利根川が流れ、江戸との舟運が発達して中瀬河岸場などがあり栄えていた。このような中で、血洗島周辺は文化水準も高く、名主は私財を擲って学者達を招き、子供達の教育に励んだ。栄一もその影響と恩恵を受け、大学、中庸、孟子と共に四書の一つである論語を懸命に学んだことは彼のその後の人生に大きく影響したと言えよう。真心と思いやりという忠恕の精神は彼の生き方の基盤となり、彼の著書である『論語と算盤』[1]、そして道徳経済合一説という、彼の生涯を貫く中心思想となったと言えよう。

栄一は剣術の修業にも熱心で、川越藩剣術師範から神道無念流を学び、20歳になって江戸へ出てからは、千葉道場で北辰一刀流を学んだようである。彼が剣術の修業に打ち込んでいたことから、江戸へ出た後、勤皇志士達との交流も盛んだったようである。このことが契機となったのであろうか、その後に栄一は尊王攘夷派志士を目指し、一橋慶喜に仕えることになる。

渋沢が武蔵国血洗島村から江戸に出たのは文久元（1861）年だから、栄一21歳の時である。栄一は江戸へ出る前の18歳の時に尾高惇忠の妹で従妹に当たる尾高千代と結婚している。栄一は江戸で勤皇志士達と盛んな交流があったことも影響したのであろうが、当時の尊王攘夷思想に目覚めたようである。嘉永6（1853）年にペリー提督が率いる4隻の黒船艦隊が浦賀に訪れて以降、日本に開国と通商を要求し、5年後に日米修好通商条約を結ぶことになったが、このことが引き金となって各地に尊王攘夷思想が高まることになった。栄一の従兄の尾高惇忠らはその運動の急先鋒を担っていた。尊王攘夷運動の基本となっ

たのは水戸藩で起こった水戸学に惇忠らが傾倒したことによるもので
あった。そのこともあって、栄一は従兄弟の尾高惇忠や渋沢喜作らと
高崎城奪還計画や横浜外国人居留地焼き討ち計画などを立てていたが、
尾高惇忠の弟である尾高長七郎の説得もあって、結局はこれらの計画
は中止となった。栄一らのこれらの計画が実行に移されていたとした
ら、栄一の人生は全く異なったであろうと思えるのである。栄一は当
時はかなり尊王攘夷思想に染まっていたようである。安政の大獄（安
政5-6〈1858-1859〉）や桜田門外の変（1860）で世の中が騒然とする中、
尾高惇忠や渋沢喜作らは尊王攘夷運動に突き進んでいった。文久2
（1862）年に尊王攘夷派の水戸浪士6人が老中安藤信正を襲撃した坂
下門外の変に当初加わっていた長七郎であったが、1人を暗殺しても
外交方針の変更は期待できないという惇忠らの説得で長七郎は襲撃に
は加わらなかった。しかしながら、高崎城奪還計画や横浜外国人居留
地焼き討ち計画に対しては、今度は惇忠、栄一、喜作らは、70人程度
の兵で幕府軍に勝てるはずはなく、計画は間違いだと長七郎に説得さ
れたと栄一は彼の口述の自伝『雨夜譚』[2]で述べている。さらに、向こ
う見ずの野蛮な考えに基づく暴挙であって、長七郎が自分達の命を
救ってくれたと感謝を込めて語っている。

　栄一、喜作らは計画は中止したものの、倒幕計画が漏れて幕府に伝
われば危険が及ぶであろうということで、その後栄一は、親戚に迷惑
がかからぬようにと、父から勘当されたという形をとって、文久3
（1863）年に喜作と連れ立って京都に出る。京都ではすでに勤皇派が
凋落しており、志士活動は行き詰まっていた。その年の8月に起こっ
た政変で三条実美ら尊王攘夷派の公卿が追放され、朝廷に強い影響力
を持っていた長州藩が排斥され、京都は情勢が一変していた。そのた
め栄一は江戸遊学の時から交際のあった一橋家家臣平岡円四郎の推挙
によって喜作と共に一橋慶喜に仕えることになった。栄一らの役職は

奥口番という下級の送玄関番だったが、実際には朝廷や諸藩との外交を担当する御用談所の下役を務めていた。栄一は『雨夜譚』の中で、政治を志す方策について語っているように、当時は江戸時代の身分制度に反発しており、賢明な主君に仕え、重用されて政治に関与できればいいが、武士でも家柄で役職が決まり、才覚があっても農民出身では重要な役職には就けないから、国家が混乱するような大きな騒動を起こして世の中を変えるしかない。しかしながら、このような企画が失敗すれば、単に一揆として扱われ、捕らわれるにすぎない。過激な方法では目的は達成できないから、迂遠で困難な道でも地道に一歩一歩進むしかなく、窮地に立っても工夫をして乗り切る粘り強さがないといけないと考えたようである。このことがその後の栄一の人生訓となっている。幕末の元治元（1864）年辺りは尊王攘夷派の志士と幕府方との間で暗殺が繰り返された時代であった。6月には栄一らを救ってくれた平岡円四郎が尊王攘夷派によって暗殺され、新選組による池田屋事件が起こり、7月には洋学の第一人者で開国論を唱えていた佐久間象山が京都で暗殺されるという、まさに混乱と暗黒の年だった。一橋家の士分となった栄一は篤太夫、喜作は成一郎の通称を名乗ることになる。当時、慶喜は朝議参与として京都に常駐しており、栄一の仕官後、慶喜が朝廷から禁裏御守衛総督を拝命するが、御三卿は自前の兵力を持っていないため兵力調達が急務となり、栄一らが一橋家領内を巡回して農兵の募集で手腕を発揮し、一橋家の富国強兵に貢献することになった。慶応2（1866）年12月、主君の慶喜が徳川幕府の第15代将軍となったことに伴って、渋沢は一橋慶喜の幕臣となった。

訪欧、帰国、そして大蔵省勤務へ

　一橋慶喜の幕臣として一橋家の兵備を整えるため、小十人並御用談所調役渋沢篤太夫として農民志願兵を500名人近く集めたことによって慶喜から白銀を与えられるが、「兵制を説くよりは理財の方がまだしも長所である」として、以降栄一は得意な経済政策に励むことになる。彼が困難な中でも幅広く情報を集め、いろいろ工夫をし、粘り強く解決策を見出そうとする態度を身につけた根源がこの辺りにあるのではなかろうか。

　そのような中、フランスの首都パリで行われる万国博覧会（慶応3〈1867〉年）に将軍の名代として出席する慶喜の異母弟徳川昭武の随員としてフランスへと渡航する。このことを慶喜から依頼された栄一は、"人には不意に僥倖が来るものだ、この時の嬉しさは何とも例えるものがなかった"と『雨夜譚』の中で述べている。当時慶喜は29歳、昭武は13歳、そして栄一は26歳であった。慶喜は昭武の資質を高く評価し、御三卿の一つである清水家の当主に迎え、将来は将軍にもなり得るとして将軍の名代として派遣を決めたのである。昭武らは1月に横浜港を出港し、上海、香港、シンガポールを経由して2月にスエズ運河に到着している。栄一は運河の掘削工事を列車の窓から見て大きな感銘を受けたようである。世界中の国や企業の共通の利益をフランスの一企業が進めていることに驚き、明治以降に公益の追求、そして技術の重要性を国家の柱の一つに据えて、実業界を発展させることがいかに重要であるかを認識する原点になったようである。

　パリ万国博覧会は慶応3（1867）年4月から11月にかけて開催されたが、日本が初めて公式に参加した万博であった。万博会場はセーヌ河畔の周囲4kmの練兵場跡地であった。中央のメインパビリオンは同

心円状に仕切られ、外側から機械工業、手工業、工芸、美術品と並べられ、また中心から放射状の通路に沿って各国の展示が並べられた。したがって、たとえば同心円状上を1周すれば各国の美術品が見られるし、また放射状の通路を歩けば各国の展示が見られるという構造だった。欧米諸国の展示が最も広くとられたが、日本は清、シャムと共に出品し、美術工芸品を中心に広く和紙、絹織物、錦絵、陶器、磁器、漆器などが展示され、薩摩焼、有田焼なども多かったようである。養蚕、漆器、手細工物、和紙などがグランプリメダルを受賞した。日本からの展示品はこの後1870（明治3）年代のジャポニズムがヨーロッパで流行する契機ともなったと言える。栄一はパリ万博でヨーロッパ各国の国王が自らの国を豊かにするために自国の製品をセールスする姿を見て、わが国の商業を卑しいとする考え方を改める必要性を認識し、わが国の将来の姿として官尊民卑のない、産業振興を図ることによって国を豊かにするべきであるとの考え方に到達したのではなかろうか。

　今回のパリ万博参加はわが国が公式に外交参加する最初の機会であったということもあって、国際的にも使節団内部でもいろいろな問題、軋轢が出てくることになった。たとえば昭武が将軍名代として当時のわが国の徳川幕府を代表して参加することについても、当時は琉球は国際的には薩摩藩の実効的支配を受ける独立国とみなされていたこと、昭武の警護として水戸藩士が7名使節団に加わっていたが、彼らの頑固さと幕府エリート官僚との軋轢があったこと、そしてまた当時の薩摩藩、長州藩と比較して軍備の近代化が遅れているとされていた幕府にとって、フランスからの資金調達をどうするか、といった問題など、次々と厄介な問題が起こっていた。パリ万博参加はもともとフランスの駐日公使レオン・ロッシュの勧めによるものであったが、米国滞在経験のある商人の清水卯三郎、栄一と同じ外国奉行支配調役

であった杉浦譲、そしてフランスからの資金調達に貢献した小栗上野介等々がそれに応じて実際に動いたとされ、そのような中で渋沢は人間交渉術を身につけ、多くの有能な人材の協力を得つつ、何事に対してもうまく問題の処理解決を図る術を身につけたのがこのパリ万博参加経験であったと言えるのではなかろうか。特に清水卯三郎については、同時に幕府が長崎に開設した長崎海軍伝習所に応募したこともあって勝海舟とも密接な関係を有し、また福沢諭吉とも親しく、『福翁自伝』[3]には、清水が、英国人が薩摩藩士に殺された生麦事件(文久2〈1862〉年)の翌年に勃発した薩英戦争の際に捕虜となっていた松木弘安(のちの明治政府外務卿の寺島宗則)、五代才助(のちに明治の大阪経済界の雄となる五代友厚(1836-1885)を救出し、薩摩と英国の和睦交渉の仲立ちをしたことが記されていることを追加しておこう。

　パリ万博を視察した他、栄一はオランダ、ベルギー、英国などのヨーロッパ各国を訪問する昭武に随行する。その際に通訳兼案内役として同行していたアレクサンダー・フォン・シーボルトにより語学や諸外国事情を学び、シーボルトの案内で各地の先進的な産業・諸制度を検分すると共に、近代社会のありように感銘を受ける。海外渡航初体験の栄一にとって、シーボルトとの出会い、そして当時のヨーロッパ諸国と日本との違いを実際に見聞した驚嘆が栄一に与えた影響の大きさはかなりものであっただろうということは十分に想像される。フランス滞在中に、幕府における役職は御勘定格陸軍付調役から外国奉行支配調役となり、その後開成所奉行支配調役に転じている。この訪欧時の栄一の経験は、その後の栄一のわが国実業界における活躍に大きな影響を及ぼしたと言えるであろう。

　パリ万博とヨーロッパ各国訪問を終えた後、昭武はパリに留学する予定であったが、大政奉還に伴い、慶応4(1868)年5月には新政府から帰国を命じられた。昭武の水戸徳川家相続の件もあり、栄一は昭

武と共に慶応 4（1868）年 10 月にマルセイユから帰国の途につき、同年 11 月に横浜港へ帰国した。

　訪欧から帰国した栄一にとって、彼の身内、周辺の親友達の動向を知るにつけ、苦難の日々が続くことになる。まず栄一は駿府の宝台院で謹慎の身であった徳川慶喜を訪問している。慶喜に対しては、栄一は彼を窮地から救い、活躍の場を与えてくれたことに対して感謝と恩義の気持ちを抱いていたことは事実であろう。慶喜が将軍になって以降は必ずしも彼に同意していたわけでもなく、特に鳥羽・伏見の戦い以降は意見を異にしたようである。幕府軍が鳥羽・伏見の戦いに敗れ、さらに上野戦争で彰義隊が敗れ、大政奉還後の慶喜が上野寛永寺、水戸へと退去し、新政府に対して恭順謹慎の姿勢を示して第 16 代当主徳川家達の下、静岡藩の宝台院で静かに暮らしていたのを栄一が訪れたかったのは十分に理解できる。彼が久しぶりに慶喜に会った時のことを、誰かがひょろりと現れて自分のそばにしょんぼりと座られたのを見て思わず感極まって哭いたと『竜門雑誌』[4] の中で回想している。従兄の尾高惇忠も渋沢喜作も、そして栄一の養子となった渋沢平九郎（惇忠、千代の末弟）も皆幕府軍に忠誠を尽くして彰義隊に加わって上野戦争を戦っている。彼ら幕府軍側はさらに北へ逃れることになるが，飯能戦争を経て平九郎は 20 歳の若さで自決した。渋沢喜作は旧幕府艦隊を率いた榎本武揚と共に箱館（現函館）で戦い、そこで戦死することになる。一方、惇忠の弟の尾高長七郎も殺人の罪で 4 年の牢獄生活を経て出獄するも、体を壊して 30 歳の若さで亡くなっている。このように帰国後の栄一の周辺の不幸と苦難の状況に対して、栄一は自伝『雨夜譚』の中で“見るもの聞くもの皆断腸の種ならざるはなし”と語っている。

　渋沢は慶喜と再会して後、駿府に留まることを決意し、駿河藩（後静岡藩）に出仕することになった。渋沢は帰国早々、駿河藩で彼のエ

ネルギッシュな行動力、実行力を発揮することになるが、彼が最初に
手掛けたのは、フランスで学んだ株式会社制度を実践することであっ
た。渋沢は新政府からの借入金返済を目的として、明治2（1869）年
に商法会議所を設立し、自ら頭取として銀行業務と物産販売を兼ねた
事業を行った。渋沢は商法会議所設立に際しては平岡準の協力を得、
また事業運営に当たっては古河市兵衛に依頼していたようである。渋
沢はのちに実業家として驚異的とも言うべき多くの事業を成し遂げる
ことになるが、常にその根本には、良き信頼できる協力者を身近に抱
えるという姿勢がこの辺に芽生えているのがうかがえる。このような
渋沢の実行力が評価されたのであろう。渋沢は明治2（1869）年に明
治新政府から招かれ、大隈重信らの説得もあって、民部省の租税正の
辞令を受け、出仕することになる。『雨夜譚』によると、大隈の説得
は、新政府を作るという希望を抱いて艱難辛苦したわれわれは同志な
のだから、一緒になって知識と勉励と忍耐によって新たな政府を作り
出すためにぜひとも力を合わせようといったものであったようである。
栄一も弁舌には自信を持っていたようであるが、栄一にとって初めて
の経験として大隈に論破されて新政府への出仕を辞退できなかったと
述べている。

　渋沢は租税正を拝命して改正掛長として仕事をしていたが、改正掛
は新たな制度改革を担うプロジェクトチームのような役割で官庁建設、
部署整備、郵便制度、鉄道敷設、貿易等々の多様多岐にわたる分野の
仕事を処理し、2年間に200案件もこなしたようである。そこで再び
栄一は辞職を願い出るが、再度大隈に説得され引き留められることに
なった。こうして民部省でも改正掛として度量衡の制定、国立銀行の
条例制定に実力を発揮し、明治4（1871）年には民部省は大蔵省に統
合され、渋沢は大蔵大丞となり、大蔵大輔井上馨、大蔵少輔吉田清成
と連携して造幣寮のトップとしてドイツで印刷された明治通宝（通称

「ゲルマン紙幣」）の発行に携わった。改正掛としての仕事をする中で、栄一は、のちにわが国の「郵便制度の父」と呼ばれる前島密（1835-1919）やパリ万博訪欧の時に一緒だった杉浦譲らと出会っている。彼らはいずれも旧幕臣であったが、栄一が彼らの能力を見込んで新政府に登用している。新政府で活躍した人物の多くが、というよりほとんどが旧幕臣であることは非常に興味深いことであると筆者は考えている。また栄一の本来の職務である租税正として、彼がそれまで米納であった租税を金納に切り替えたことを追加しておこう。このような民部省、大蔵省での栄一の経験は、その後に彼が民に限らず官にも精通していることから国家レベルの考え方ができる基礎を作ったと言えるのではなかろうか。民部省廃止の背景には、大蔵省への一元化を推進することによって中央集権体制を確立させようとする急進派と緩やかな改革を進めようとする穏健派の対立があった。急進派には長州藩出身の木戸孝允、伊藤博文、そして佐賀藩出身の大隈重信らがいて、一方の穏健派には薩摩藩出身の大久保利通、地方官らがいて、結局は藩閥政府内の対立の様相を呈していた。渋沢は明治5（1872）年の東京の大火による被害からの再建に、井上馨、東京府参与三島通庸らと共に尽力し、東京の街並みを煉瓦造りにする計画の実現を図った。しかしながら、その後渋沢は予算編成をめぐって大久保利通（1830-1878）、大隈重信らと対立し、明治6（1873）年、井上馨と共に大蔵省を退官した。大久保は渋沢より10歳年上で、また大隈も2歳年上という、いずれも先輩であるという状況の中で、予算編成をめぐって渋沢が辞職するまで対立したということは、渋沢の自分の正しいと信ずる主張を曲げない気の強さを表していると言えよう。

民間実業家としての渋沢の活躍

　栄一が大蔵省を辞めた直接の理由は、新政府の最高実力者で維新三傑の一人とされる大久保利通との国家財政をめぐる考え方の違いであったと言われる。大久保が陸軍省、海軍省の予算を前もって増やそうとしたのに対して栄一らが収入を踏まえた上で支出を決めるべきであると主張したことによる。しかしながら大久保が岩倉使節団の副使として2年間日本を離れることになると、大蔵省の仕事の全権は大蔵大輔の井上馨（1836-1915）と少輔の栄一が握ることになり、国の財政の収支均衡に苦労することになる。そこで明治4（1871）年の廃藩置県、明治6（1873））年の地租改正が実現する。このような中で井上と共に渋沢が大蔵省を辞することになるのは、やはり彼にとっては大蔵省勤務の中でわが国の実業界をより発展させる必要性を強く感じたため、それが常に彼の頭の中にあったのではないかと思われるのである。彼は実業界ほぼすべての分野の発展に寄与したと言える。

　渋沢は500社以上もの会社の設立に関係したと言われるが、その背景には、彼が第一国立銀行の創立に携わったことから、その得意先取引会社を育成していかねばならなかったという必要性もあったようである。渋沢が関係した会社は現在も有名企業として存在するみずほ銀行、東京海上日動火災保険、東洋紡、東日本旅客鉄道、日本郵船、東京ガスなど、名だたる会社が多い。文京学院大学教授の島田昌和によると、これらの会社は、これまでの日本には存在しなかったような新しい欧米の知識や技術を導入した業種と近代経済のインフラと言える業種の2つに分けられる。前者に属するのは日本煉瓦製造、東京人造肥料会社、東京製綱会社、東京海上保険会社、東京石川島造船所、抄紙会社、札幌麦酒、東京瓦斯会社などで、一方、後者に属するのは日

本鉄道、若松築港、磐城炭鉱などである。以下にこれらを産業ごとに
概観することにする。[5]

（1）銀行・保険業

　明治新政府は戊辰戦争や殖産興業の資金調達のためとして大量の太
政官札を発行したが、金銀正貨との交換が可能な兌換紙幣ではなかっ
たため、実質的価値もなく、信用は下落した。そこで政府は明治4
（1871）年に新たな貨幣単位として「円」を定め、新貨条例を公布し
て近代的な貨幣制度を創設した。フランスで金融機関、特に兌換紙幣
の流通が重要であることを学んでいた栄一は銀行自身の利益というよ
りも国全体の経済の重要性を考えていたと言えよう。

　大蔵省を辞する時の渋沢の言葉として、「はばかりながら言わせて
もらえば、官吏は凡庸の者でも勤まりますが、商工業者は相当に才覚
ある者でなければ勤まりません」というのが残っている。渋沢は大蔵
省を辞職した後、最初に手掛けたのは、井上馨、アレクサンダー・フォ
ン・シーボルトらと共に第一国立銀行（現在のみずほ銀行）の設立に
努め、日本最初の銀行の創業を実現し、自らは総監役となった。第一
国立銀行の「国立」というのは国法に基づくという意味で、もともと
民営である。銀行という言葉、名称も渋沢が付けたと言われている。
三井組と小野組が第一国立銀行の二大株主であったが、明治7（1874）
年には小野組が経営破綻することになって、第一国立銀行は危機的な
状況を迎えた。しかしながら、渋沢が静岡藩の政府借入金返済に際し
て世話になった古河市兵衛が小野組にいて、古河の誠実な努力によっ
て第一国立銀行の被害は最小限に抑えられた。渋沢は自ら第一国立銀
行の頭取となって銀行再建に努めたため、第一国立銀行は財閥の機関
銀行とは異なる、民間商工業者の資金支援を積極的に推進する路線を
中心とする銀行となった。明治5（1872）年に第一国立銀行が創立さ

れる直前、渋沢らによって一般から広く株主を募集する小冊子が作られ、頒布された。そこには、日本の国民を豊かにするには、いわゆる「合本主義」によって国民から広くお金を集め、銀行がその資金を上手に利用すれば国も貿易も産業も工業も発達し、学問も進歩し、道路も改良され、国の状態が格段に良くなると述べられている。現代資本主義の根本原理を示していると言えよう。渋沢は全国に設立された多くの国立銀行の指導、支援を第一国立銀行を通じて行った。その後も渋沢は銀行の設立に努め、明治10（1877）年には第二十国立銀行の相談役、明治25（1892）年には東京貯蓄銀行（のちの協和銀行、現在のりそな銀行）の取締役会長、明治27（1894）年には熊谷銀行（現在の埼玉りそな銀行）の設立発起人を務めた。渋沢は明治32（1899）年には黒須銀行（現在の埼玉りそな銀行）を設立し、顧問役となっている。その後渋沢は七十七銀行、明治29（1896）年には日本勧業銀行（のちに第一勧業銀行）、明治33（1900）年には日本興業銀行（現在のみずほ銀行）の設立委員、監査役などに就き、北海道拓殖銀行の設立にも関与、指導している。渋沢は半官半民の特殊銀行の開設すべてに貢献したと言えるであろう。

　前章で建築家辰野金吾を取り上げたが、辰野は渋沢が銀行業に取り掛かるために銀行集会所の総代であった明治16（1883）年頃、ヨーロッパから帰国して工部省営繕課で働いていた時期に渋沢との交流があったようである。辰野は彼の建築家としての初期の代表的作品として銀行集会所と渋沢栄一邸の設計を彼の処女作として手掛けている。ほぼ同じ時期にヨーロッパを訪れ、滞在していたことも彼らの交流の契機となったのではなかろうか。ちなみに日本橋川沿いの兜町の銀行集会所は瀟洒なベネチアン・ゴシック調の建物で、渋沢は明治34（1901）年以降はもっぱら東京飛鳥山の邸宅を利用していたようである。

渋沢は明治12（1879）年には東京海上保険会社（現在の東京海上日動火災保険）の創立発起人、そして相談役となり、わが国の保険業の創業に貢献している。ちなみに東京海上保険会社はその後東京海上火災保険会社となるが、明治38（1905）年にはその本社建物が辰野金吾の設計によるものであることを付け加えておく。

(2) 製造業・化学・機械・食品

実学の振興は渋沢の最大の関心事であって、そのために彼が尽力したことは明らかである。そのための一大事業が富岡製糸場の創設であって、質の高い生糸を大量生産できる工場を官営で作り、国内に製糸製造技術を広めようとするものであった。官営富岡製糸場の設立に当たっては、フランス人の生糸検査人であるポール・ブリュナと協力して、栄一と彼の信頼できる尾高惇忠、杉浦譲らが担当した。栄一らは、当時の明治新政府にとってはわが国の主要輸出品で最大の外貨獲得源である製糸業を近代化することの重要性を十分に理解していたものと思われる。「蚕が日本を救った」との表現通りである。富岡製糸場は明治26（1893）年に民営化されるが、その後も115年間一貫して生糸を生産した。平成26（2014）年には「富岡製糸場と絹産業遺産群」としてユネスコ世界文化遺産に登録され、操糸所と東西の置繭所が国宝指定されたのはわれわれの記憶に新しいところである。

富岡製糸場の建設に当たっては、わが国最初の煉瓦造りの建物であったにもかかわらず、明治4（1871）年からわずか1年半で完成している。建物の設計は横須賀製鉄所（のちの横須賀造船所、横須賀海軍工廠）を設計したお雇い外国人のエドモン・オーギュスト・バスティアンで、ポール・ブリュナと協力して実現したと言える。横須賀製鉄所は栄一とパリ万博で知り合った小栗上野介が幕府の近代化に手腕を発揮した中で構想し、主導したものである。初めての煉瓦造りに

ついては、わが国の瓦製造技術を応用すべく、尾高惇忠がブリュナとの交渉を重ねつつ努力、尽力して実現、完成した。このように官営富岡製糸場の建設に当たっては、栄一をはじめとする多くの仲間の協力、そして新技術の応用があって初めて実現したと言える。尾高惇忠は富岡製糸場の初代の場長となった。製糸場では富農、豪商、士族などの娘、そして尾高の娘も工女として働いていた。尾高は工女らの読み書き、教養の教育にも熱心であった。そのため工女の中には帰郷後に地元の製糸場で技術指導に当たる者も出てきた。尾高の場長室の壁には「至誠如神」と書かれた額が掛けられていた。中国の儒教の経典の「中庸」から引用された言葉であるが、たとえ才能が劣っていたとしても、誠意を尽くせば、その姿は神様のようだとの意である。いかにも学者尾高の言葉に思える。

渋沢は明治9（1876）年には平野富二の石川島平野造船所（現在のIHI、いすゞ自動車、立飛ホールディングス）に対して個人出資や第一国立銀行の融資で創業を支援した。また明治29（1896）年井上勝が設立した汽車製造合資会社（現在の川崎重工業）に対しても設立委員、監査役として支援している。

明治20（1887）年には科学者であって実業家でもあった、のちにタカジアスターゼを発見する高峰譲吉が栄一に化学肥料の効能を説いた。それに対して、国土の狭い日本では集約農法で収益増加を図るべきだと考えていた栄一が賛同して、東京人造肥料会社（現在の日産化学）の創立委員長、取締役会長として企業を支援した。さらに同年、東京製綱会社（現在の東京製綱）の創立委員、取締役、また日本煉瓦製造理事長として、そして翌明治21（1888）年には古河市兵衛の足尾銅山組合（現在の古河機械金属、古川電気工業）、富士通、富士電機、横浜ゴム等の設立を支援している。

明治18（1885）年には渋沢はジャパン・ブルワリー・カンパニー

（現在のキリンホールディングス）設立の理事長を務め、明治20
（1887）年には札幌麦酒会社委員長、のちに札幌麦酒（株）取締役会
長（現在のサッポロホールディングス）、のちに札幌麦酒・日本麦酒・
大阪麦酒が合併して設立された大日本麦酒（株）の設立総会議長、取
締役委員長を務めている。明治28（1895）年には日本精糖（現在の大
日本明治製糖）の設立発起人の予備取締役を務めている。このように
明治20（1887）年前後は渋沢が多くの会社を設立した時期である。民
間実業家として最も活発に活動した年であったと言えるであろう。

(3) 建設・サービス

　渋沢は大蔵省に勤務していた頃からすでに考えていたのであろうが、
明治6（1873）年には抄紙会社（現在の王子ホールディングス、日本
製紙）の設立認可を得て経営を開始し、取締役会長、相談役を務め、
中央製紙（現在の王子ホールディングス）の相談役、合名会社中井商
店（現在の日本パルプ商事）の設立支援などを行っている。明治8
（1875）年には秀英舎（現在の大日本印刷）の印刷業を創業し、そし
て中外物価新報（現在の日本経済新聞）の創刊を支援している。彼が
印刷、出版、新聞業といった一般市民への情報活動、啓蒙活動に力を
入れているのが分かる。また明治20（1887）年には東京ホテル（現在
の帝国ホテル）発起人総代および理事長、明治31（1898）年には帝国
劇場会社の発起者創立委員長および初代会長を務めている。ヨーロッ
パでの彼の生活体験から、ホテル、文化的娯楽、といった産業の重要
性を栄一は認識していたのであろう。

　渋沢は明治20（1887）年には日本土木会社（大倉土木、現在の大成
建設）発起人総代、委員長を務めているが、日本土木会社が辰野金吾
を招聘して、渋沢が大倉喜八郎らと共に設立した会社であることは、
前章に述べた通りである。また渋沢は同年に清水満之助商店、のちの

清水組（現在の清水建設）の相談役になり、その経営も担当している。渋沢が日本煉瓦製造の理事長として日本煉瓦製造を育てたことは前述したが、日本煉瓦は日清戦争（1894-1895）の建築ブームに乗って煉瓦の需要が急増し、大正8（1919）年には日本最大の煉瓦製造工場となった。煉瓦は司法省（1895）、日本銀行（1896）、丸ノ内本屋（1914）など明治・大正期の代表的建造物に用いられた。渋沢は70歳の古希を迎えた明治42（1909）年までの約20年間日本煉瓦製造会長を務め、経営の指揮をした。日本煉瓦製造は途中で何度か経営危機に陥ったが、そのたびに、栄一が育てた諸井恒平（1862-1941）は彼に相談して危機を乗り越えたようである。諸井は武甲山の石灰岩に着目して大正12（1923）年に秩父セメント（現在の太平洋セメント）を創業し、秩父鉄道も興した。

　渋沢は明治15（1822）年頃に東京大学で日本財政論の講義を3年間受け持っている。東京大学から実業の講義をして欲しいとの要望を受けて、彼の考え方とも合致するということで引き受けたのであろう。彼の講義は、これまでの欧米の大家の著書を直訳して講義をするというスタイルではなくて、たとえば銀行の組織、機能、簿記、貿易、為替といったまさに実学を紹介するものであった。経済を知りたかったら、経済学の教科書を読むよりも近代的な銀行業を知った方が、よほど近代社会が分かるという考え方に基づくものであったと思われる。

　渋沢は資本主義経済の主役を担うのは民間企業であって、政府は民間の力に期待し、それを育成するものであると考えていたようである。そこでたとえば海運業は三菱の岩崎弥太郎に委ね、のちの他の財閥には国の基幹産業の育成を任せ、それ以外の分野では合本主義に頼り、商工業育成を図ったと思われる。国民生活に関わる業種を中心に、自分がやらねばという気持ちと使命感を持っていたのではなかろうか。そしてまた、それが次々と新たな会社を設立することにつながったと

言えよう。しかしながら、ここでは渋沢はどのようにして新たな資金を得て新たな会社を次々と設立できたのだろうかという疑問が湧く。このことについては、島田昌和によると、栄一は新会社を軌道に乗せた後、新会社の株式を売却して新たな会社の株式引き受け資金としていたようである。[6] つまり新たに設立した会社の支配を強化するというよりも新会社の設立資金に回すことを優先したと言える。このような渋沢の姿勢、態度はまさに渋沢自身が目指していたものであると言えるのではなかろうか。

国家的実業家としての渋沢

　渋沢は明治6（1873）年に大蔵省を辞職して民間実業家として民業育成に尽力したことからも分かるように、基本的にはいわゆる民間私企業の推進派であったことは事実であろう。しかしながら渋沢は、同時に世界の中の日本としてのあるべき望ましい姿を描きつつ、常に国家を考える国家的事業家でもあったと言える。このことは彼の業績、功績からも容易にそれがうかがえるのである。

(1) ガス・電力
　渋沢は明治6（1873）年には社会インフラとしてのガス事業の重要性、必要性に注目し、東京府の瓦斯掛（現在の東京ガス）の委員となった。さらに明治15（1882）年には東京電灯会社（現在の東京電力ホールディングス）の発起人となっている。渋沢は明治29（1896）年頃からは鉄道事業にも乗り出し、汽車製造（現在の川崎重工業）の創立委員、監査役をはじめ、現在の東日本旅客鉄道の前身となる日本鉄道（理事委員、取締役）、北越鉄道の設立発起人代表（監査役、相談

第8章　技術の社会貢献に尽くした稀有の国家的実業家　渋沢栄一　　171

役)、岩越鉄道の取締役会長、そして北海道鉄道（現在の北海道旅客
鉄道）など45社の鉄道会社の創立、経営に携わっている。明治39
(1906) 年には京阪電気鉄道（現在の京阪ホールディングス）の創立
委員長も務めている。渋沢と鉄道事業との詳細な関係については『渋
沢栄一と鉄道』[7] などを参照されたい。

(2) 医療・福祉

　渋沢は医療・福祉にも熱心で、明治5（1872）年には生活困窮者救
済事業のための福祉施設として東京養育院（現在の東京都健康長寿医
療センター）を設立した。養育院はもともと江戸後期の松平定信によ
る寛政の改革（1787-1793）の際に貧困者保護資金積立制度として作っ
た七分積金制度に倣って生活困窮者の収容施設を造ったものである。
七分積金は江戸の町民が共同で負担していた消防や道路の修繕などの
町運営費を節約させ、節約分の7割を積み立てさせて火事や飢饉など
に備えて金や米を平時から蓄えさせて、貧民救済にも用いたものであ
る。明治7（1874）年からは渋沢は養育院の運営にも携わった。のち
に明治9（1876）年からはその院長も務めたが、養育院は平成12
(2000) 年に東京都条例が廃止されて、128年間続いた幕を閉じた。驚
くことに渋沢は、昭和6（1931）年に91歳で亡くなるまで、この院長
の職責を全うした。渋沢の生活困窮者への慈悲の心を持った、支援を
重視し、積極的に行う社会事業家としての側面を見る気がする。養育
院の運営、そして明治初期の社会事業家としては、渋沢と同時に大久
保一翁（1818-1888）の名前を忘れてはならないであろう。渋沢と大久
保は古くからの付き合いがあったようで、まず大久保は、江戸城無血
開城時に幕府側の実務責任者として実力を発揮していたが、栄一がパ
リ万博から戻って静岡藩を訪れて慶喜に会った時には、彼を勘定組頭
に任命して日本初の株式会社である商法会所の運営を任せている。さ

らに大久保は、自らが幕府目付で蕃書調所総裁であった安政4（1857）年にはすでに「病幼院創立意見」を幕府に提出し、小石川養生所の西洋版を創設する必要性を述べていた。その後、大久保が東京府知事の時に渋沢に養育院の運営を任せることになった。このように大久保と渋沢は社会福祉事業の重要性、必要性をお互いに認識しているという共通の考えの下に、松平定信以来受け継がれた弱者救済のいわばセーフティーネット江戸版を目指しながら、生涯の交友関係を保ったのではなかろうか。

　渋沢はさらに明治10（1877）年には佐野常民（1823-1902）が西南戦争で負傷した兵を救護する目的で設立した博愛社の社員となり、のちに明治20（1887）年に博愛社がわが国がジュネーブ条約を締結したことにより日本赤十字社と改称されると評議員として運営に携わった。さらには明治17（1884）年に医師高松凌雲が生活困窮者に無料で治療を施すために設立した同愛社の事業経営にも協力している。渋沢が創立支援した日本煉瓦製造には多くの女性労働者が働いていた。彼女らは工場内の社宅や近隣の農家で子育てをしながら渋沢精神の企業は自分達のためだけに存在するのではなく、地域も良くしなければいけないという思想の下、女性労働者が仕事に専念できるようにと子供達の保育所を整備していた。こうして後進の実業家を育てるというのもまさに渋沢精神の表れ、そして現代版社会政策の一環とも言えるであろう。渋沢はのちに明治40（1907）年には東京慈恵医院（現在の東京慈恵会医科大学附属病院）の相談役、委員長として東京慈恵会の社団法人化に尽力し、翌明治41（1908）年には癌研究会（現在のがん研究会）の設立にも尽力し、副総裁となっている。渋沢は他にも財団法人聖路加国際病院（現在の聖路加財団）、恩賜財団済生会、また非行少年の更生施設としての井の頭学校の設立などにも尽力している。

(3) 教育

　栄一は5歳の時から周囲の尾高惇忠など学者肌の人間に囲まれて育ち、彼らの中で教育されたこともあって、漢学に馴染み、読み・書き・そろばんはもちろん論語をはじめとする中国の古典である四書五経もすべて学び、理解していた。したがって栄一自身は教育全般に関心を持ち、かつ熱心であったはずである。彼も成長して海外諸国を見て、そのすさまじいばかりの発展ぶりを目にした後は、実学教育の必要性、重要性を強く認識し、当時の日本には実学を教育する機関がないことを危惧していたこともあり、明治8（1875）年には東京会議所が所管する商法講習所（のちに東京商科大学を経て、現在の一橋大学）の経営委員として運営を支援した。渋沢の支援によって設立された現在の一橋大学関連の施設、たとえば一橋講堂、如水会館、学術情報センター、そして学士会館などの建っている神田一橋界隈を渋沢は頻繁に訪れて、多くの人と語り合っていたようである。学士会館が大正11（1922）年に関東大震災で崩壊し、その後再建のために寄付を募っていた時、渋沢は1万円（現在の価値で数千万円）を寄付したと言われている。[8]

　一方、技術者の養成、教育については、渋沢は中堅技術者を養成することを目的として、明治21（1888））年に工手学校（現在の工学院大学）設立に際して賛助員として支援している。工手学校の設立については、山尾庸三、渡辺洪基、古市公威らの貢献、尽力が大きいことは第6章の渡辺洪基のところで述べた通りである。東京帝国大学の初代総長を務めた渡辺洪基は、学術教育組織としては、東京帝国大学の他に学習院、工手学校（現在の工学院大学）、大倉商業学校（現在の東京経済大学）といった高等教育機関の設立あるいは初代総長といった形で組織の代表責任者としての務めを果たしている。このことは渋沢と渡辺は共にいくつかの共通の大学の創立に関係しており、彼らの

間にはかなりの交流があったのではないかと思われる。ちなみに工手学校の初代管理長は渡辺洪基、2代目管理長は古市公威であることを付け加えておこう。

渋沢は明治 33（1900）年には大倉喜八郎の大倉商業学校（現在の東京経済大学）、岩倉鉄道学校（現在の岩倉高等学校）の創立委員として協力し、実学教育の実践を目指した。またさらに渋沢は私学の設立、運営に関しても積極的に尽力している。明治 21（1888））年には新島襄の同志社大学設立に尽力、そして明治 41（1908）年には早稲田大学の理工事業拡大計画についても募金管理委員長として協力している。また渋沢は二松学舎（現在の二松学舎大学）の舎長、理事に就任している。また渋沢は女子教育にも熱心で、大正 13（1924）年には東京女学館館長、昭和 6（1931）年には日本女子大学校長を務めている。このように渋沢が学校教育に関心を持ち、学校創立、そして教育に熱心になったのは 1880 年代後半以降、すなわち渋沢が 50 歳近くなってからである。

(4) 経済団体

銀行集会所は渋沢が明治 10（1877）年に択善会として組織したもので、のちに東京銀行集会所（現在の全国銀行協会）、東京銀行協会として発展している。渋沢は翌明治 11（1878）年には、のちに東京商工会議所となる東京商法会議所を設立し、その会頭となっている。渋沢は東京商法会議所の設立に当たっては、発起人として米倉一平（米商会所頭取、両替商）、渋沢喜作（生糸・米穀商）、大倉喜八郎（大倉組）、三野村利助（三井組）ら財界人の協力も得て、会頭に就任した。東京商法会議所は経済問題に関する政府の諮問への答申、商工業発展のための業界からの建議、各種調査活動と幅広く活動する組織であった。次いで明治 11（1878）年には五代友厚が中心となって大阪商法会

議所が設立され、全国に次々と商法会議所が設立されることになった。「東の渋沢、西の五代」と言われたのはこの頃である。ちなみに五代は夭折したため、五代の没後は松本重太郎が大阪経済界の新しいリーダーとして力を発揮することになった。松本は大阪紡績（現在の東洋紡績）を設立して後、手広く雑貨商、銀行などを設立して大阪財界の牽引役として活躍したため、のちには「東の渋沢、西の松本」とまで言われるようになった。[9]東京商法会議所は明治16（1883）年に東京商工会、明治24（1891）年に東京商業会議所、昭和3（1928）年に東京商工会議所と改称されているが、渋沢は明治38（1905）年までの27年間、会頭を務めた。また渋沢は大正12（1923）年の関東大震災時には大震災善後会を結成し、倒壊を免れた当時の東京商業会議所ビルを拠点に復興支援に当たり、一貫して実業界の地位の向上に努めたと言えよう。

　広く資本を集めて事業を起こすという、いわゆる渋沢による合本主義の仕方を実現したのがこの時期と言える。そのために株式市場の創設が必要であることから、渋沢は明治11（1878）年に東京株式取引場を設立した。昭和2（1927）年に渋沢の談話集として刊行された『青淵回顧録』の中で、"私は主義として投機事業を好まず、絶対に投機並びにこれに類似するものには一切手を染めぬ決心なので設立後には全然関係を断ち株主たることさえも避けた。"と述べている。さらにまた渋沢は、"私は他人の金銭を預かっている銀行事業に関係し、すこぶる重大な責任を担っている身をもって、投機に関係するが如きことあっては、自然世間の信任に背き、また自分の職責を全うすることができない。（中略）私は明治6（1873）年に実業界に身を投じて以来、終始この主義を持って一貫してきた"とも述べている。[10]渋沢の人生訓、そして彼が終生持ち続けた信念が分かる言葉である。

(5) 文化・国際交流・民間外交

　渋沢は一般国民に対する日本文化の普及、生活水準の向上に対しても かなり力を注いだ。明治23（1890）年の東京浅草の「日本パノラマ館」開業を主導した他、国民が利用できる社交の場が必要であるとして東京会館の開業（大正11〈1922〉年）にも支援をしている。また、日本の中流層が都市近郊でも自然に触れながら生活できるようにと、パリの凱旋門広場をモデルに放射状の区割りをした都市計画として田園調布の開発も進めた。

　国際交流活動の一環としては、明治12（1879）年に前米国大統領グラント夫妻が訪日した際、東京商法会議所、東京府会に働きかけ、接待委員総代を務め、歓迎行事を実施し、東京飛鳥山の迎賓接待用の別邸で歓迎会を実施している。また明治26（1893）年に海外からの賓客を接待する組織として「貴賓会」を設立して幹事長となり、それが大正元（1912）年にはジャパン・ツーリスト・ビューロ（JTB）の設立へとつながった。渋沢は明治35（1902）年には米欧を視察に出かけ、各地の商工会議所メンバーと交流を図っており、米国セオドア・ルーズベルト大統領とも会談し、明治36（1903）年には大隈重信らと日印協会の設立に携わっている。また明治42（1909）年には渡米実業団を組織し、団長として全国の商業会議所会頭を率いて訪米し、ウィリアム・タクト大統領とも会見している。明治45（1912）年にはニューヨーク日本協会協賛会を創立して名誉委員長を引き受けている。また同年カリフォルニア州における排日運動（日本移民排除運動）に対して、アメリカ人の対日理解促進のため、米国報道機関へ日本のニュースを伝える通信社の設立を提案し、大正3（1914）年国際通信社（現在の時事通信社および共同通信社）が設立された。

実業界引退から晩年へ

　渋沢は「日本資本主義の父」と呼ばれる。その由縁はもちろん500
社以上もの企業の設立に関与、貢献したことによる業績が主であろう
が、それに加えて、これらの企業が発展するために必要な国の経済、
それも資本主義経済の仕組みを作り、それらを整備し、うまく機能さ
せた点にあることを認識しておく必要があろう。渋沢は金を稼ぐこと
を卑しいと考えるべきではないという考えを常に持っていた。彼の自
伝的著書の冒頭で、"東洋的な考え方、風習として、精神を尊び、物
質を卑しめるのが普通であるが、われわれの日常ではお金があれば友
情、親交が深まることもあるから、「銭ほど阿弥陀仏は光る」とか「地
獄の沙汰も金次第」まではいかなくても、お金の効用は認識すべきで
ある"と述べている。渋沢は昭憲皇太后の歌「もつ人の心によりてた
からとも仇ともなるは黄金なりけり」に感服の意を表し、結論として、
中国の古典「大学」には「財散則民聚、財聚則民散（財を民に分け与
えれば民は集まり、財を集めれば民は散る）」とあり、徳をもって人
民を治め、財に対する執着を避けるべきであるとして、徳を身につけ
ることの重要性を強調し、"不正を働いて金を儲け、高い地位を得る
ことは浮雲のように空しいことである。世の中で人たらんとするには
まず金に対する覚悟が必要である。"と結んでいる。[11]

　渋沢は明治42（1909）年、70歳の古希を迎えて、実業界からの引退
を表明し、第一銀行と東京貯蓄銀行を除く61の会社役員をすべて辞
任した。役員として残った銀行経営業務についても佐々木勇之介が担
当し、渋沢はもっぱら教育、福祉、医療、社会事業、道徳普及活動等
を中心に、そして国際的な民間外交活動に力を注ぐことになった。渋
沢の民間外交活動は米国、中国、韓国、フランスと多岐多様にわたる

が、特に米国との交流には熱心だったようで、米国大統領とは、明治
12（1879）年に前アメリカ大統領グラント夫妻の訪日に合わせて、飛
鳥山の渋沢の自邸で歓迎会を開催し招待して以来、明治35（1902）年
に米欧を視察した際にセオドア・ルーズベルト大統領、明治42
（1909）年には訪米実業団の団長としてウィリアム・タフト大統領、そ
して大正4（1915）年にはパナマ太平洋博覧会の渡米に際してウィル
ソン大統領、第1次大戦後の大正9（1920）年には自ら創設した国際
連盟協会の会長に就任し、翌年のワシントン軍縮会議に出席した際に
ウォーレン・ハーディング大統領と会見している。歴代日本人の中で
もこれだけ多くの米国大統領と直接対面で会った日本人はいないので
はなかろうか。

　渋沢と中国とのつながりについては、大正2（1913）年に来日した
中華民国国民党総理孫文を民間代表として迎えた。また蔣介石も渋沢
邸を訪問している。韓国とは1898（明治31）年に大韓帝国を視察し、
韓国皇帝高宗に謁見し、韓国の近代化に協力し、両国間の貿易を促進
し、京釜鉄道、京仁鉄道の敷設にも尽力している。渋沢はわが国の日
本銀行券の肖像候補者として何度か取り上げられながら実現せず、つ
いに1万円札の顔として令和6（2024）年発行紙幣に採用されること
になった。しかしながらこのことについては、韓国マスコミの報道と
して渋沢は伊藤博文と共に韓国経済への侵略者として扱われ、韓国人
の感情を害したことも事実である。政治外交の歴史、そして国民感情
との兼ね合いの難しさを物語っていると言えよう。

　渋沢はヨーロッパ・フランスとの交流にも尽力した。大正13
（1924）年にはポール・クローデル駐日フランス大使と協力して日仏
交流の拠点として日仏会館を発足させ、理事長となっている。さらに
渋沢は大正15（1926）年には日本太平洋問題調査会を創立して評議委
員会会長となり、昭和2（1927）年には日本国際児童親善会を設立し、

アメリカの人形（青い目の人形）と日本人形（市松人形）を交換し、国際親善交流に貢献している。ちなみに大正15（1926）年と昭和2（1927）年、渋沢はノーベル平和賞の候補にもなったことを付け加えておこう。筆者自身としては、長年にわたってひたすらわが国の国民生活向上、産業発展に尽力、貢献し、加えて国際交流、国際平和のために努めてきた渋沢の功績はノーベル平和賞に十分に値すると信じて止まないが、彼が最終的、結果的に選ばれなかったのは、事情はいろいろとあるのであろうが、残念至極であると言わざるを得ない。

　渋沢は実業家引退後も教育活動には熱心であった。明治42（1909）年には東京商科大学（現在の一橋大学）の東京大学との統合の話が出た時、それに反対を唱えたため、東京商科大学後援組織である如水会の名誉会員となった。その後も渋沢の実学重視の姿勢は変わらず、大正3（1914）年には高千穂高等商業学校（現在の高千穂大学）の設立に際しては評議員として協力した。また大正10（1921）年には私塾国士舘（現在の国士舘大学）の維持委員に就任している。

　渋沢は40歳前後からは新たな企業を興すという起業家支援よりもむしろ医療・福祉、そして教育といった社会的な事業、活動に力を入れていたようである。渋沢は大正5（1916）年に著書『論語と算盤』を著しているが、その冒頭には、"論語と算盤は甚だ不釣り合いで、お互いにかなり懸け離れたものであるけれども、自分は普段に算盤は論語によってできているし、また論語はまた算盤によって本当の富が活動されると考える。"と述べた上で、したがって、"論語と算盤は甚だ遠くして、甚だ近いものと始終論じている。"と強調している。[12] 渋沢が『論語と算盤』を書くきっかけとなったのは、「経済政策を推進し、各企業が自らの利益を追求するだけでは社会の発展は望めず、資本主義社会における利益追求の中に必ず負の部分が生み出される」という信念が芽生えてきたことによるものと思われる。渋沢がこの著書で強

調したかったのは、道徳なき商業における拝金主義と空理空論の道徳論者による商業蔑視という当時の身分社会における商工業者と武士階級の間の接着剤ともなるべく、現実社会において生かされるべき、道徳に基づいた商業を目指したと言えるであろう。渋沢に論語を講じたのは三島中州で、彼の没後、三島が創立した二松学舎（現在の二松学舎大学）の舎長、理事に就任している。また渋沢は女子教育にも熱心で、大正13（1924）年には東京女学館館長、昭和6（1931）年には日本女子大学校長も務めている。渋沢は国民教育について、自分は教育については経験もなければ知識もない門外漢ではあるがと言いながら、彼なりの主張を展開している。[13] 彼の主張の基本は、古い時代の日本の教育は物質上の知識に乏しく、はなはだしく精神教育に偏していたのが、今日の教育は昔とは全く反対に科学的教育が偏重される結果、精神教育面が顧みられていないということであった。したがって、小学時には徳育を完全に授けて人の人たる道を教えるのが第一義であるべきで、物質方面と精神方面に分けるべきで、それらの2つの方面が均衡、調和を保つことが重要であると主張している。

渋沢の著書『論語と算盤』の思想に基づくと、彼が経済発展を目指すことと同時並行的に福祉事業に尽力したことも理解できる。すなわち経済発展と福祉事業を同時に進めない限り理想の社会は実現できないと考えたのであろう。また仮に実現したとしても長続きはしないであろうというのが渋沢の信念である。このことは現在の「持続可能な（sustainable）社会」の実現という、平成27（2015）年の国連サミットで採択された SDGs（Sustainable Development Goals）の理念に通じるものである。「日本資本主義の父」と称されるも、渋沢自身は資本主義という言葉は使っておらず、もっぱら"資本を合わせる"という意味の合本主義と称していたようである。彼の頭の中には、いかなる事業を推進するにせよ、人、資本を合わせて適切に利用することが

目的を達成し、公益に資すると考えていたのではなかろうかと思える
のである。

　渋沢は明治42（1909）年には嘉納治五郎が運営する柔道の総本山で
ある講道館の財団法人化に際して監事となり没するまで務めている。
また渋沢は医療福祉活動にも熱心であったことから、恩賜財団設立に
尽力し、大正2（1913）年には北里柴三郎の日本結核予防協会に評議
員として協力し、大正3（1914）年には聖路加国際病院の評議会副会
長を務め、大正9（1920）年には知的障がい児の保護教育事業を行う
滝乃川学園の理事長に就任している。また大正6（1917）年には渋沢
は自然科学の研究機関である理化学研究所の設立に際して設立者総代
を務めている。

　渋沢は大正7（1918）年になって、旧主徳川慶喜の事績を正確に後
世に伝えたいとの思いから『徳川慶喜公傳』[14] を竜門社から刊行した。
この著書はNHK大河ドラマ「青天を衝け」のベースになったと言わ
れているが、そこには幕末混乱期の様子が、慶喜が慶応2（1866）年
に将軍に就任し、薩摩藩と対立し、混迷の中で翌慶応3（1867）年大
政奉還を行い、さらに翌年鳥羽・伏見の戦いに敗れ、大坂を脱出し、
海路江戸に帰る経緯が詳細に書かれている。その後慶喜が上野寛永寺、
水戸、そして静岡で謹慎し、静かな生活を送る様子の詳細については
『渋沢栄一自伝－雨夜譚・青淵回顧録（抄）』[15] などを参照されたい。

　栄一が子供時代から成人になった時期は、徳川幕府が終わりを迎え
つつある、幕末というわが国が封建時代から現代民主国家に変わりつ
つある、まさに変革と混乱の時代であった。このような時代であった
からこそ、世の中の動きに翻弄されながらも、自らの固い意志と信念
を持ち、同時に積極的な行動力を兼ね備えた栄一のような人間は、わ
が国にとってまさに必要な人材であったと言えるのではなかろうか。
彼の稀有とも言うべきエネルギーに満ちた行動力と活動とそのための

努力とがわが国の明治期の発展に果たした役割と貢献は計り知れない
と言ってもよいであろう。

　令和6（2024）年7月から発行された新1万円札の表には渋沢栄一
の肖像画、そして裏には東京駅丸の内駅舎が描かれる。東京駅丸の内
駅舎はもちろん辰野金吾の設計によるもので、渋沢邸を設計したのが
辰野金吾であることは前述の通りである。そしてまた東京駅丸の内駅
舎はわが国を代表する明治・大正期の煉瓦造り建造物である。煉瓦製
造は渋沢がドイツから技術導入して日本煉瓦製造を創立して、そこで
作られたものである。このように、今後われわれは渋沢栄一肖像、東
京駅丸の内駅舎、煉瓦造り建物と渋沢を思い浮かべるものを日々見る
ことになろうことを期待して、本章を閉じることにする。

[注]
1　渋沢栄一『論語と算盤』角川ソフィア文庫、2008
2　渋沢栄一『渋沢栄一自伝－雨夜譚・青淵回顧録（抄）』角川ソフィア文庫、2020
3　福澤諭吉、齋藤孝編訳『現代語訳　福翁自伝』ちくま新書、2011
4　竜門社編『青淵先生七十寿祝賀記念号』竜門雑誌、第270号、1910
5　島田昌和『渋沢栄一－社会企業家の先駆者』岩波新書、2011
6　同書
7　小川裕夫『渋沢栄一と鉄道』天夢人、2021
8　樺山紘一「渋沢栄一について語ろう」学士會会報、No.951、2021-Ⅵ、pp.4-14
9　同書、p.130
10　渋沢、前掲書2
11　渋沢栄一、鹿島茂編集編訳『渋沢栄一「青淵論叢」－道徳経済合一説』講談社学術
　　文庫、2020
12　渋沢、前掲書1
13　渋沢、鹿島編集編訳、前掲書
14　渋沢栄一著、藤井貞文解説『徳川慶喜公傳』全4巻、平凡社・東洋文庫、1989
15　渋沢、前掲書2

第9章

幕末・明治維新期の教育方式

◇

　本書では、幕末から明治維新期にかけて、わが国が欧米の進んだ科学技術を導入するに際して、激動の時代と厳しい状況の中で知識の導入、人材の育成をどのようにして実現したか、そして当時の人々の努力がどのようなものであったかを探ることを試みた。そこで、"技術の礎を築いた人々"というタイトルの下で、明治初期に活躍し、当時のわが国にとってはまさに西欧諸国と比較してかなり遅れていたとされる技術の導入、発展に寄与することによって、その後のわが国の経済産業の発展に大きな貢献をしたとされる人々の功績を紹介してきた。このような中で筆者にとって大きく印象に残っていることは、ここで取り上げた人々に共通するものとして、当時の教育、それも現代の言葉で高等教育、エリート教育とも言うべきものがあったのではないか、そしてそのような教育を受けた子弟達がその後の活躍の基盤を身につけたのではないか、ということであった。したがって、そのようなわが国の当時の教育を再度綿密に眺めてみることによって、現代の高等教育にとって欠けている、あるいは必要とされる何かが見出されるのではないかということであった。

　昨今のわが国の"研究力"は低下したと言われて久しい。わが国の高等教育の在り方にその原因があるのではないかといった議論もある。原因が不明のまま、多くの議論がなされている中で、わが国の研究力が低下の一途をたどり、またわが国の大学、高等教育の質の低下も叫ばれていることに対して、このような試みに挑戦することも無駄ではないと考える。

◇

子弟教育の源としての藩校

　江戸時代にはわが国には全国で60余の藩があった。それぞれの藩には藩士の子弟を教育するという目的で藩校、あるいは藩学、藩学校とも呼ばれる学校が設立されていた。藩校の規模、あるいはそこで行われた教育内容はそれぞれ多様であったが、藩士の子弟は皆、強制的に入学させられていた。藩校は広義には医学校、洋学校、皇学校（国学校）、郷学校、女学校など藩が設立したあらゆる教育機関を含む。藩校は、藩の費用負担によってそれぞれの藩の中に設立されたが、江戸藩邸に併設された学校もあった。藩士に月謝の支払い義務はない上に、成績優秀者には藩から就学支援金を給し、江戸等への遊学があったようである。日本人の教育熱心さの起源はこの辺りにあるのではなかろうか。全国的な傾向として、藩校には7、8歳で入学し、第一に文を習い、のちに武芸を学び、14、15歳から20歳くらいで卒業する。教育内容は、四書五経（四書は「大学」「中庸」「論語」「孟子」、五経は「易経」「書経」「詩経」「礼記」「春秋」の総称）の素読と習字を中心として、江戸後期には蘭学や、武芸として剣術等の各種武術などが加わった。藩校の入学における主な試験は、素読吟味であり、儒学の基本文献である四書のうち、抜粋した漢文を日本語訳で3回読み上げる。内容の解釈はともかく、読み間違いや忘れてしまうと試験は不合格となった。江戸幕府では10月頃に行われていた藩校の入学試験に合格しても、次から次へと試験に合格しなければならず、落第した者には厳罰が課せられた。特に3度の落第者には過酷な処分が待ち受けていた。藩校によってさまざまだが、主な処分として、嫡男なら相続の際に家禄が減俸される他、罰金や役職制度などの処分（高位の職への出世の道が閉ざされる）を科せられることもあり、親の役職を継ぐにも

ままならず、無役のまま生涯を送ることにもなりかねなかった。

　3代将軍徳川家光の時代までは武断政治が主流であったが、その後、文化、教育をも重視する文治政治への転換が起こると共に、藩校が各地に設立されることになった。日本初の藩校は寛文9（1669）年に岡山藩主池田光政が設立した岡山学校（または国学とも呼ばれる）であるが、また名古屋藩が寛永年間（1624-1644）に設立した明倫堂が日本初とも言われている。全国的に藩校が設立された時期は、18世紀半ば以降の宝暦期（1751-1764年）以降で、多くの藩では藩政改革のための有能な人材を育成する目的で設立した学校が多かった。徳川幕府の命によって他藩との交流が許されなかった中で、諸藩は藩校を通じての藩内外留学制度を利用して藩士や領民が藩内外へ留学することを望んでいたようである。したがってこの制度は明治維新期の吉田松陰や坂本龍馬といった幕末志士人材を生んだとも言える。そこで各藩では優秀な学者の招聘も盛んに行われた。全国の藩校の総数は250校以上となり、ほぼ全藩に設立された。藩校の隆盛は、地方文化の振興や、各地域から時代をリードする人材等の輩出にも至った。代表的な藩校としては、会津藩の日新館、米沢藩の興譲館、水戸藩の弘道館、長州藩の明倫館、中津藩の進脩館、佐賀藩の弘道館、熊本藩の藩校時習館、鹿児島藩（薩摩藩）の造士館などが有名である。特に薩長の雄藩では教育においても優位に立っており、薩長土肥の連合において有力な人材が輩出した。幕末には、佐賀藩、金沢藩、山口藩、中津藩、薩摩藩，佐倉藩等の一部の藩校は、国学・漢学に留まらず、医学、化学、物理学、西洋兵学等の学寮を併設することによって広範な学問を学ぶ事実上の総合大学にまで発展したものもあった。明治4（1871）年8月廃藩置県によって藩校は廃止されたが、明治5（1872）年9月学制発布後の中等・高等諸学校の直接または間接の母体となった。

　明治19（1886）年中学校令の交付と共に、東京大学予備門が廃止さ

第9章　幕末・明治維新期の教育方式　　189

れ、全国に文部大臣の管理に属する七校の官立高等中学校（のちに旧制高等学校と改称）が開設された。各高等中学校のうち、山口、鹿児島、金沢（第四）の本部（本科）、および岡山（第三）、仙台（第二）、金沢（第四）の医学部は、旧藩校（山口明倫館、鹿児島造士館、金沢明倫堂）や藩医学校（岡山医学館、仙台養賢堂、金沢医学館）の流れをくむものであった。これらの旧藩校の後進諸校は、その後大学にまで発展することになった。ちなみに旧制高等学校はナンバースクールとも呼ばれ、第一高等学校（一高）から第八高等学校（八高）までが、それぞれ新制大学として東京大学（一高）、東北大学（二高）、京都大学（三高）、金沢大学（四高）、熊本大学（五高）、岡山大学（六高）、鹿児島大学（七高）、名古屋大学（八高）となった。なお、この中学校令では同時に、尋常中学校は一県一校とされたため、その他の旧藩校は、県庁所在地で旧制（尋常）中学校に改組できたものは、現在でも新制高等学校として存続しているものが大半である。また非県庁所在地ではいったん高等小学校に改組されたものが多く、その後の高等小学校の廃止によって消滅したものも少なくない。

工学エリートの起源としての長崎海軍伝習所

　江戸時代から明治維新にかけてのわが国の子弟の教育において、藩校が大きな役割を果たしていたことは前述の通りである。特に自然科学、工学の専門分野において幕末から明治にかけて大きな役割と貢献を果たした、いわば当時の工学エリート養成のための高等教育機関として海軍伝習所がある。海軍伝習所は、幕末期にわが国の徳川政府からオランダに向けて発注した軍艦（スクリュー式蒸気コルベット型で、当初はヤーパン号と呼ばれ、のちに咸臨丸となる）の乗務員としての

士官、下士官、兵を養成するための機関であり、オランダ海軍が中心となって長崎に設立したので、長崎海軍伝習所とも呼ばれた。

　藤井哲博の著書『長崎海軍伝習所—十九世紀東西文化の接点』[1]によると、安政2（1855）年の夏、オランダ海軍のファビウス中佐はヘデー号とスンピン号の2隻を率いて来日し、スンピン号をオランダ国王ウィレム3世から将軍徳川家定への贈り物として幕府に進呈した。ファビウス中佐の来日の本来の目的は、徳川幕府にわが国における海軍創設を勧めるための意見書を渡すことであった。意見書には、わが国の地理的人的条件が海軍創設に最適であること、鎖国をやめて開国し、洋式海軍を創設する好機であることが述べられていた。それに加えて、西欧世界の当時の潮流がもはや帆船軍艦から鉄製蒸気船スクリュー式の時代に代わっていること、造船関連インフラについて知る必要があること、士官、乗組員等の教育、訓練、育成が重要で彼らの留学を含めた育成についてオランダは協力する用意があるといった、わが国の将来にとって重要かつ啓蒙的な内容を含む意見書であった。この時オランダから持ち込まれた軍艦2隻のうち1隻スンピン号を、オランダは日本の乗組員養成を目的とした練習艦として海軍伝習所で用いようとした。これに対して徳川幕府は海軍伝習生の人選を全国から募ったとされている。特に艦長候補者はお目見え以上（旗本）から指名され、伝習生の学生長として教官と学生のパイプ役を果たしたが、その中には勝麟太郎[2]（1823-1899）も含まれていた。一方、艦長候補者ではなかったが、特に幕府から指名された中に、常陸笠間藩士で幕府天文方に出役していた小野友五郎（1817-1898）がいた。天文方においてすでにオランダの航海術書を解読して『渡海新編』4巻という抄訳本にまとめ、幕府に献本していたことから、小野が幕府から指名された。彼は諸藩からの伝習生の扱いではなく、特に幕府伝習生として航海測量の専修を命じられることになったのである。

第9章　幕末・明治維新期の教育方式　　191

長崎海軍伝習所の士官、下士官の幕臣関係伝習生は、第1期が39名で最も多く第2期は11名で最も少なく、第3期は年少者中心で26名となった。第1期と第2期には、この他に諸藩などから聴講生約130名が加わり、まさに押すな押すなの盛況であったと言われている。伝習所では、当時のオランダ海軍の組織に倣って、乗組員を戦闘員と非戦闘員の2つのグループに分けていた。すなわち前者は大砲を撃ち、小銃による狙撃を行う戦闘員であったのに対して、後者は戦闘伝習を行うことなく、軍艦の運航と機関の運転のみを行う非戦闘員であった。非戦闘員はマスター、航海士などの航海測量方、エンジニア、機関士などの蒸気機械方などが上級船員で士官待遇、帆前運用方、船頭、船打建方、帆縫方などの中級船員は下士官待遇であった。蒸気機関を導入し、その乗組員を養成することが伝習所の目的ではあったが、1期生のみでオランダ人指導の下で十分な人数の蒸気機関方を養成することは困難だったようで、1期生の補充、そして長崎地役人の海上警備訓練をすることも目的として2期生11名が選ばれた。彼らも1期生と同じカリキュラムに基づいた教育を受けたが、修了生は海軍予備員として活躍した。3期生としては、西洋並みに士官入門教育を与えることを目的に、1、2期生に比べてかなり若い、旗本、御家人の子弟である年少者が多数であった。

　伝習所の設立当初の第一次教師団は航海科出身のペレス・ライケンを団長とするオランダ人教師で構成されていた。伝習所は航海、運用、砲術、機関を備えた総合術科学校を思わせるもので、学生は士官・兵の2つのコースに分けられ、それぞれ高等科、普通科から構成されていた。オランダ語と数学の講座も併設されていたことからも、それぞれ全国から集められた伝習生達が予備知識もレベルも異なる状況であったことからも、これらの教育によって知識と技術をマスターすることはかなりハードであったと想像される。第二次教師団は運用科出

身のカッティンディケを団長とする構成であったことから、伝習所の教務の運営にも違いが出たようである。つまり航海科出身者は元来科学的で理論的であるのに対して、運用科出身者は実務と経験を重視するという違いである。このことがまさに理論派のライケンの下で小野友五郎のような模範的秀才が生まれ、一方でカッティンディケとの交流の中から勝麟太郎のような数学的素養のない留年組が生まれ、ライケンもカッティンディケもその後オランダの海軍大臣を務め、小野と勝もそれぞれがのちにそれぞれの得意とする分野で活躍するという状況を生んだと言えよう。この点にも一つの教育の在り方が示されていると言えるのではなかろうか。すなわち教育成果の評価は厳格であったとしても各人の趣向、向き、不向き、そして得意、不得意の多様性を認めることによって若者達はその経験をのちに生かす素地ができる余地を残すことが重要なのではなかろうか。

　物事を突き詰めて考え、探究するタイプのペレス・ライケンにとっては、日本人伝習生の大部分は好奇心が強く、広く物事を同時に習いたがり、移り気に映ったようである。たとえば海軍に関係のない西洋の陸軍のことを直接西洋人から聞きたがり、土木工学の基礎を聞きたがったりしたので、ライケンは自分の専門ではないということで渋って、かなり苦労したようである。それでも仕方なく概略だけを説明すると、日本人は満足したとライケンは述べている。このことからは、カッティンディケ団長の広く浅く、換言すれば大風呂敷を広げる態度は勝に感化を与えたとも言えるかもしれない。カッティンディケは彼の著書[3]の中で、日本人の性癖として、日本人の悠長さといったら、呆れるくらいだと述べた上で、勝麟太郎が船を誤って座礁させた際の修理作業を手配する例を取り上げて、次のように述べている。"自分は日本人のすること、為すことを見るにつけ、がっかりさせられる。日本人は無茶に丁寧で、謙虚ではあるが、色々の点で失望させられ、

この分では自分の望みの半分も成し遂げないでここを去ってしまうのじゃないかとさえ思う。"

さらにまた、日本人との交渉に際して、うまくまとめようとすると、人並みの辛抱強さでは、とてもうまくいかないと思ったとも述べている。カッティンディケは勝のような人並み外れた行動力、実行力、交渉力を持った人間とはうまくやっていけるものの、一般の日本人に対しては、あまり好印象は持っていなかったようである。

安政7（1860）年、日米修好通商条約の批准書交換のために、徳川幕府は米国の軍艦を用いて遣米使節を派遣した。これとは別に日本の一軍艦を派遣して警衛の任務に当たらせたが、そこで海軍伝習所において学んだ技術を実地に試す計画が立てられ、その派遣軍艦となったのが幕府所有の咸臨丸であった。咸臨丸には教授方頭取として勝麟太郎、教授方として小野友五郎、通弁主務として中浜（ジョン）万次郎が乗船していた。咸臨丸の教授方と同手伝は、ほとんど全員、長崎海軍伝習所の第1期から第3期までの出身者であった。欧米では19世紀半ばから海軍要員の養成学校が設立されたが、海軍士官教育は、年少の良家の子弟を海尉候補生として軍艦に乗り組ませ、実地教育を施す方法が一般的であった。しかしながら、大洋航海術の進歩と帆船から蒸気船への切り換えによる造船術の発達と機関術の出現により、士官教育も、専任の教官のいない普通軍艦での実地教育だけでは不十分となり、高度の数学などの理科系・工学系科目の基礎教育が求められた。長崎海軍伝習所で教授科目の中心となったのは、航海術、造船術、機関術などの専門技術と、それらに必要な数学、物理学、力学、天文地理学などの普通学であった。それに、実地教育的な船具、運用術、砲術、海兵隊のための陸戦術などを加えたものが教科の全容であった。

咸臨丸の米国側の海尉艦長であったジョン・ブルック（John Mercer Brooke）は日本人の火気取り扱いがルーズであるとか、日本人は士

官・下士官・兵共に軍艦運用術が極めてお粗末であるとか、日本人を非常に厳しく評価していたが、小野友五郎に対してだけは、彼の並々ならぬ航海術家としての技量を早々と見抜いている。小野友五郎に対して、"本艦の航海術責任者である士官（小野友五郎のこと）が今日天測した。彼は私に、この港は品川から経度五分東のところにあることがわかったと言った。今夜彼は陸上で『月距（ルナー・ディスタンス）』を観測している。私は彼等の学識には驚かざるをえない。"と彼の日記の中で述べている。[4] 小野友五郎がすでに"月距法"をマスターし、それを使いこなしていることを知り、ブルック海尉が驚いたと述べているのである。

　小野友五郎は譜代常陸笠間藩の生まれで彼の家は一代抱えという低い身分であったが、伝習所へ入る前に彼は幕府天文方で友人と洋算で書かれたオランダの航海術書を解読していた。彼は笠間藩の江戸詰め米金方を務めながら長谷川弘の算学道場の高弟として和算の勉強をしていた。また一方では彼は洋式砲台の配置、設計、製造法を学んでいた。このような彼の能力と努力の結果であろうが、彼は伝習所に入ってからも皆が洋算、幾何で苦労する中、補講を受けることもなく、特別講義を受けていた。わが国の教育が高等教育に限らず、すべて一律で同一同様の方式で全員に実施される中、このように学生の能力に合わせて柔軟に教育を与えていたということは興味深く、また現代の教育に示唆する何かがあると思える。伝習所の中でも身分は低いながらも年長で数学が抜群にできたので、解読リーダー役を務めることになった。このような背景には、伝習所の中で佐賀藩出身者が、佐賀藩が藩主鍋島直正の下でオランダへコルベット軍艦を一隻注文し、ペレス・ライケンから予備講習的なものを受けていたことから、1期生の中でも優遇されていたことに対抗するという意図もあったようである。小野は蘭学を学び、和算にたけていた上に西洋数学も学び天文学、地

第9章　幕末・明治維新期の教育方式　　195

理学に詳しく、測量学、航海術といった実学応用面も重視していた。彼はペレス・ライケンに頼み込んで課外に長崎出島のカピタン部屋で西洋微積分や力学の特別講義を受けるほどの有能な勉強家であった。小野は日本における西洋微積分導入の最初とされている。さらに揺れる帆船上での測角の精度を上げるために六分儀の測定誤差を縮小すべく測定実技にも非常に熱心だった。彼は数学の勉強を和算の入門書としての算盤の入門書『塵劫記』から始めていた。その後、数、度量衡、貨幣の単位、整数の性質、比例、按分、利息算、級数、平方根・立方根、幾何図形、相似形、勾配、面積、体積、測量などの広範囲の理論を学び、日常生活に必要な算術の問題を中心に、種々の技術的あるいは遊戯的な応用問題を加味したものまでマスターするという、まさに当時の天才的応用数学者と言えるであろう。

　小倉金之助は著書[5]の中で、西洋数学のわが国への導入が本格的になったのは安政5（1858）年の開港以来ではあるが、それ以前から西洋数学、洋算についてはわが国に入ってきており、特に2つのルートを経て導入が行われていたとしている。その一つは中国を通しての書物の輸入が行われたことで、たとえばマテオ・リッチによる明代末のユークリッドの『幾何原本』6巻の翻訳が17世紀初めに中国で刊行されて以来、17世紀に多くのデカルト以前の古い数学の書物が中国の数学者によって翻訳されたものを徳川吉宗の時代にわが国にも輸入されたと述べている。そしてもう一つのルートは、長崎からから入ったオランダ語を通して、海軍伝習所のオランダ人教師達によってわが国に導入された航海術、国防、天文学等のための数学の導入であるとしている。また藤井は『長崎海軍伝習所―十九世紀東西文化の接点』の中で、"明治維新というのは日本的革命であった。なるほど人心の一新には効果があったが、文化的に幕府時代と明治時代に断絶があったわけではない。特に文化的脱亜入欧は、幕末の長崎海軍伝習所からス

タートし、それが明治時代において加速したのである。事実明治10（1877）年代まではその担い手は伝習所出身者であった。"と述べている。[6]

　小倉はさらに、長崎海軍伝習所の設立100年に当たる昭和30（1955）年に「日本科学技術への反省—長崎海軍伝習所開設100年を迎えて」[7]の中で、"わが国がまだ開国もしていない鎖国中でありながら、そして攘夷論が盛んに叫ばれ、蘭学に対する誤解と圧迫もある中で、長崎海軍伝習所は幕府、そして全国諸藩から多数の有能な人材を選抜し、幕府の名において直接西洋人から科学・技術の伝習を受けたというのは、驚くべきことであって、またわが国の科学・技術の移植上も決定的な役割を演じた"と評価している。さらに小倉は、安政2（1855）年に長崎海軍伝習所が開設された翌年、幕府の天文方に属する一部局の翻訳方が独立して蕃書調所となったことに対して、"幕府中枢の閣老阿部伊勢守正弘から出された「翻訳方でも従来のような、時勢にうとく不活溌なものでなく、この時代に応じえるような機関を興すべきだ」という意見に基づいている。"と述べている。当時としては、かなり斬新な、そして将来を見通した意見と言えるのではなかろうか。そして蕃書調所の設立が、"まず必要なのは、洋書の中でも砲術、砲台築城、軍艦製造、航海測量、水陸練兵、器械学、国勢学、地理物産などで、おいおい天文諸術芸に及ぶべきである。洋書取調の役所を設け、それに蘭学稽古所を附属させ、旗本御家人の入学を許すべきである、等々。"という趣旨の下に実現したのである。

応用数学者小野友五郎のその後

　咸臨丸による渡航で航海長を務めた小野は、長崎海軍伝習所で造船

学の数理もマスターしていたため、咸臨丸による訪米の後に蒸気軍艦の国産、港湾の近代的防備、海軍工廠の建設などの実現を図った。小野が幕末期にわが国の近代的海軍設立のために大きな貢献をしたことは事実であるが、慶応3（1867）年10月の将軍徳川慶喜による大政奉還後、小野は戊辰戦争において榎本武揚に加わって蝦夷地へ行くことになった。そのため彼は伝馬町の牢に入れられることになる。翌年に出獄した後、小野の関心は軍事よりも民生に傾き、わが国鉄道事業の測量担当に携わることになった。

　藤井は『長崎海軍伝習所―十九世紀東西文化の接点』の中で次のように述べている。"幕末時代、数学に強い小野友五郎は海軍方・勘定方のテクノクラートとして活躍したが、時代の要請に応じて、軍艦の航海長、造船の基本設計家、水路測量家、そして内戦の兵站方になり、と経験を重ねた。本来、彼は武官向きの人ではなく、すでに齢55歳に近かったから、いまさら海軍に戻ったところで、適当なポストがあるはずもなかった。彼は幕末期にはすでに軍事よりも民生に傾いていた。兵庫開港御用の勘定奉行並として、ガス灯・郵便・鉄道などを設計する計画を自らの手で実施するつもりになっていた。"[8]

　小野友五郎が新政府の鉄道事業に加わり、それに精力を注ぐという決断をしたことについては、まさにわが国の発展、殖産興業のために鉄道建設が必須であるという信念に基づくものであったと言える。当時の鉄道関係者の主流は、幕末に海軍諸術を長崎海軍伝習所で学んだか、それを学ぶために英国に密航した人々であった。鉄道計画は小野友五郎が明治3（1870）年に鉄道事業に乗り出して以来、新橋－横浜間に日本最初の鉄道が開通して本州から各地に広がることになったが、そのための人材は、明治政府が養成した鉄道技術者が育つまでは長崎海軍伝習所出身者が中心であった。

　小野友五郎はその後も"国際派テクノクラート"として明治維新の

わが国の近代化に努めるのであるが、慶応3（1867）年1月には再び小野友五郎使節団として幕府から軍艦の購入を主要な目的とする命を受けて米国へ正史（勘定吟味役）として派遣されることになった。この時小野は随員として選んだ福沢諭吉、津田仙、尺振八らと米国の教育施設も視察している。藤井は小野友五郎使節団の様子について、福沢諭吉が期待したほどの英語能力、実務能力を有していなかったこと、一方、尺振八が非常に高い英語能力を有していたので、尺にすべて通訳を任せたことなどを記している。[9] これらの使節団のメンバー達は、明治時代になってから、福沢諭吉は慶應義塾、津田仙は学農社という農学校、彼の次女梅子は女子英学塾、尺振八は共立学舎を創立することになった。彼らがいずれもわが国の高等教育の普及に大きな貢献をしていることを考える時、小野友五郎の先見能力、人材を見抜く能力に加えて、当時の知識人達の努力とエネルギーに驚嘆するばかりである。

　慶応4（1868）年1月に鳥羽・伏見の戦いが始まり、それに続いて戊辰戦争が起こり、わが国が内戦状態となる中、戊辰戦争では多くの海戦も行われた。榎本武揚の指揮するわが国の艦船が壊滅したことは、当時の幕府海軍の運用術の水準の低さを露見したとも言われている。このような経緯を経て、わが国の海軍艦船の近代化を進める計画は明治海軍に引き継がれ、オランダが中心となっていたのが英国、米国へと移っていくことになった。しかしながらこのことは、オランダがわが国の幕末から明治維新期にかけての近代化過程の中で大きな貢献をしたことを考えれば、わが国の海軍近代化過程におけるオランダの貢献度を下げるものでは決してあり得ないと言えるであろう。

　鉄道で海軍伝習所出身者が主導権を握ったのは明治10（1877）年までであったが、最後まで関係した小野友五郎と肥田浜五郎[10]（1830-1889）の場合でも、明治10（1877）年代の半ばまでであった。初期の

第9章　幕末・明治維新期の教育方式　　199

鉄道の中心を海軍伝習所出身者で固めたのは、のちに鉄道行政の実力者、そして"日本の鉄道の父"と言われた、長州閥出身の井上勝であった。小野友五郎のような学問に対する理論的分析能力と他人をも動かしつつわが国の産業の近代化実現のために邁進するという実務処理遂行能力に優れた人間が、わが国が武士による封建社会国家から明治時代という近代国家に変わる時期に出現したということは、わが国の数学、工学の発展の上からも、そしてまたわが国の近代産業発展の基礎を築くといった観点からも、非常に幸運なことと言えるのではないだろうか。

事実、明治10（1877）年代までは、その担い手が海軍伝習所出身者であったことは、われわれとして記憶に留めるべきであろう。明治6（1873）年には工部大学校の前身である工部省工学寮が設立されるが、長崎海軍伝習所の人材養成と成果は工部大学校の設立の精神の中にも十分に生かされることになったと言ってよいはずである。このことは、のちに工部大学校の伝統と精神が東京帝国大学第二工学部に継承され、それが現在の東京大学生産技術研究所に生かされるという大きな流れの源となっていることをここに述べておこう（詳細については、『東京大学第二工学部の光芒―現代高等教育への示唆』[11] などを参照されたい）。

藤井は『長崎海軍伝習所―十九世紀東西文化の接点』[12] のあとがきに次のように述べている。"長崎海軍伝習所は幕末にオランダが日本に与えた文化的影響のなかで最大のものを残したに違いない。それ以前にオランダが日本人に直接接触して影響を与えたのは、古くはオランダ商館のドイツ人ケンペルやスウェーデン人ツンベルク（関係した日本人側はオランダ語通詞たち十数人）、商館医のドイツ人シーボルト（日本人側は彼の医学の門人数十人）くらいが主な者であっただろうが、海軍伝習所の場合は教えるオランダ人側がオランダ海軍の数十人

で、教わる日本人側が幕府および諸藩の伝習生たち数百人であった。受講期間は1人平均1年半、伝習生の出身地は、南は鹿児島から北は箱館（函館）まで、ほとんど日本全国にわたっていた。このように日蘭文化接触の規模は、以前とは比較にならないほど大きい。またオランダがこの伝習を通して日本に残した文化的遺産は、理工系分野全般にわたり、ソフトウェア、ハードウェア共に、明治以後の日本の近代的科学技術導入の際の基礎知識となったといえよう。"

札幌農学校の教育精神

　最初に屯田兵が札幌郊外の地に入ったのは明治8（1875）年5月である。北海道石狩国札幌郡札幌の地に東京の仮学校が移転し開講して札幌学校となったのは同明治8（1875）年8月である。札幌学校は開拓使札幌本庁の所管となり、同年9月に開校となった。翌明治9（1876））年8月には、札幌学校は札幌農学校と改称され、明治5（1872）年の太政官布告による学制規定によって学士の称号を授与する権限が付与された。女学校も札幌に開校したが、翌明治10（1877）年には廃校となった。女学校校舎は元の脇本陣を利用していたが、明治12（1879）年に開拓使札幌本庁舎が全焼して以来、明治21（1888）年に北海道庁の赤れんが庁舎ができるまで北海道庁庁舎として使用された。

　明治4（1871）年に工部省が「工部ニ奉職スル、工業士官ヲ教育スル学校」として工学寮の設立を構想し、それが明治6（1873）年に工学校として開校した。明治初期当時に、わが国政府がお雇い外国人に英語で専門分野の教育を依頼した、いわゆる専門学校がいくつか誕生した。開拓使が設立した札幌農学校と、内務省勧業寮の農事修学場を

第9章　幕末・明治維新期の教育方式　　201

前身とする駒場農学校である。

　札幌農学校は現在の北海道大学の前身であって、日本で初めて学士号の学位を授与する権利を付与された高等教育機関である。札幌農学校自体は、明治5（1872）年に東京芝の増上寺に開設された開拓使仮学校を前身とするが、明治8（1875）年から札幌に移転し、札幌学校と改称された。その後、翌明治9（1876）年には農業技術者養成を目的として札幌農学校と再び改称され、そこで専門教育を行った。教頭（実質的には校長）として赴任した、「少年よ、大志を抱け（Boys, be Ambitious）」の言葉で有名なウィリアム・クラーク[13]は、アメリカのマサチューセッツ農科大学学長を務めた人物で、札幌にはわずか8か月という短い滞在であったにもかかわらず、札幌農学校の在校生にかなり大きな影響を及ぼすことになった。

　駒場農学校は札幌農学校と同様に、農業技術者養成を目的として設立された学校である。これらの専門学校はいずれも農学校で、文部省管轄ではなく、それぞれの役所（札幌農学校の場合は開拓使、駒場農学校の場合は内務省）の官僚を養成することを目的としていたという共通点を有している。札幌農学校の場合、英語のみで教育を行ったのに対して、駒場農学校では通訳を通じて教育を行った点が大きく異なる。札幌農学校からは、わが国の学界、官界、政界において多大な業績を残した著名学者が輩出したのに対して、駒場農学校からはそのような著名な学者は輩出しておらず、当時ですら駒場農学校においては、イギリスからのお雇い外国人教師の成果が上がっていないとされ、明治12（1880）年にはドイツ人教師に切り替えられることになったというのは興味深い事実である。欧米の教授達と日本人の学生が同じ場所で学びの共通体験をすることがお互いにとって貴重な経験となり、特に学生にとっては、彼らが日本のみに限らず国際的に活躍する素地、基盤を作ったと言えるであろう。このことは現在も大きな課題となっ

ている、わが国の大学の国際化が遅れていると叫ばれる中、英語で教育をする大学、大学院が増えつつあるものの、決して十分とは言えないのが現状である。英語が世界語、世界の標準語として世界中に普及し、さらには経済、社会、そして科学技術の世界においても世界を"支配"しつつある現状を目の当たりにする時（水村美苗による『日本語が亡びるとき―英語の世紀の中で―』[14] などを参照されたい）、外国人教師達と日本人学生達が密に交流をしていた札幌農学校の当時の教育は、わが国の高等教育の在り方に対しても貴重な示唆を与えていると言えるのではなかろうか。札幌農学校と駒場農学校の2つの農学校はのちにわが国の帝国大学へと昇格した。

　開国したばかりの日本に突如やってきた宣教師達、いわゆるお雇い外国人達がわが国の若い人々の教育、中央政府への惜しみない協力、そしてわが国の社会、産業の発展のために真剣に取り組んだこと、そしてまた彼らの存在感がいかに大きかったかということに対しては、頭の下がる思いと共に、ある種の尊敬の念を禁じ得ない。すなわち、彼らにとっては日本は全く未知の国であったに違いないが、そのような状況の中での彼らお雇い外国人の献身的努力と多くの貢献があったからこそ、その後の日本の発展の基礎が築かれたと言っても過言ではないのではなかろうか。

　明治初期に活躍したお雇い外国人には、我々にも馴染みのある多くの学者、技術者がいる。大森貝塚の発見者である動物学者のエドワード・モース、日本の美術を高く評価したアーネスト・フェノロサ、札幌農学校の教頭であったウィリアム・クラークなどである。そしてまた、前述の工学寮の設立のきっかけを作った鉄道技師エドモンド・モレル、さらにわが国の工学教育、工部大学校の設立に貢献したヘンリー・ダイアー[15]、あるいは東京国立博物館や鹿鳴館、ニコライ堂などを設計し、辰野金吾らの明治期のわが国の代表的な建築家を育てた

建築家のジョサイア・コンドルなどもお雇い外国人である。

　特にヘンリー・ダイアーは「日本の近代科学技術教育の父」とも呼ばれ、わが国の科学技術・工学教育の発展への貢献は大きいと言える。これらのお雇い外国人達は、西洋諸国に対してかなり遅れを取ったことを認識して当時の明治日本の近代国家に向かって必死になって邁進する若者達に、将来への指針と夢と希望とを与えることに全力を注いだ熱心な教師達であった。彼らははるばる遠い外国からやってきて、それぞれの専門分野で熱心かつ適切な教育指導をする教師達であったと言える。彼らの惜しみない献身的な努力なしには明治期以降のわが国の産業、経済の発展はなかったかもしれないのである。

　札幌農学校は卒業生として学者、実業家、政治家を数多く輩出した。1期生としてはのちに北海道帝国大学の初代総長となる佐藤昌介、札幌農学校講師でのちに実業家として活躍する渡瀬寅次郎などがいる。2期生としては、教育者で『武士道』の著者として有名な新渡戸稲造、キリスト教思想家で『余は如何にして基督信徒となりし乎』（"How I Became a Christian"）の著者として有名な内村鑑三、土木工学の広井勇、植物学者の宮部金吾などがいる。3期生としては、外務省翻訳官の斎藤祥三郎、知事、市長などを歴任した高岡直吉、第五高等学校、高等師範学校などで英語教育に努めた佐久間信恭などがいる。4期生としては、国粋主義者の志賀重昂、ジャパンタイムズ主筆の頭本元貞、英語青年の創刊者の武信由太郎、衆議院議員の早川鉄治などがいる。このような初期の頃の札幌農学校の卒業生は官立英語学校で英語も学んだこともあって、多くの卒業生が培った英語力を生かして各界で活躍しているのが分かる。彼らがすべて英語で教育を受けたことにもよるのであろうが、明治維新期当時のわが国の学者、研究者、作家などで立派な誇るべき英語の使い手が多くいたことも事実である。斎藤兆史による『英語達人列伝—あっぱれ、日本人の英語—』[16]、『英語達人

列伝II―かくも気高き、日本人の英語―』[17]には新渡戸稲造、岡倉天心、野口英世、夏目漱石、南方熊楠などが挙げられている。英語が国際語として世界中を"支配"しつつある現在は、まさにどのような学問分野で活動するにせよ、あらゆる情報をただちに把握し、発信しながら世界と競争することが要求され、それなしでは世界とは戦えない状況になっていることをわれわれは認識せざるを得ない。

札幌農学校から北海道帝国大学へ

　北海道の鉄道開発を概観すると明治12（1879）年に幌内炭鉱の開山に伴って石炭積出港の小樽港に向かう官営幌内鉄道の建設が始まり、明治13（1880）年に札幌－小樽間の鉄道が開通した。明治15（1882）年には小樽－幌内間も開通し、北海道の人口も20万人を超え開拓使は廃止された。札幌農学校は農務省管轄下に入り、北海道の産業経済は鉄道開通、そして小樽港と共に札幌、小樽を中心として発展することになった。そのような中で、明治17（1884）年伊藤博文の命で北海道視察に訪れた内閣府書記官金子堅太郎は、札幌農学校の教育を実業に暗く役に立たないと酷評した。

　北海道では農業・開拓や国防を担う屯田兵制度が明治8（1875）年から開始されたが、鉄道開通、開港の整備に伴って1880（明治13）年代末には人口が30万人を超えて開拓に適した土地が少なくなり、かつ炭坑などの鉱業や流通業が主力産業となって人口が急増し始めた。それに伴って新産業に対応できない札幌農学校の卒業生の北海道流出が増え、また志願者も減少する傾向が見られた。そのため、農業以外の高等教育の必要性が高まった。日清戦争の賠償金を基に明治30（1897）年、京都帝国大学が設置されると、総合大学である帝国大学を北

海道にも設置しようとの運動が盛んになった。

　札幌農学校では開校初期にはアメリカ出身の教師が多かったことも
あり、イギリス・アメリカ風の大農経営・畑作に重点を置く農学が講
義されていた。しかし、1期生の佐藤昌介が米国留学中にジョンズ・
ホプキンス大学においてリチャード・イリー（Richard T. Ely）の下
で学んだことにより、保護貿易論者のイリーが影響を受けていたドイ
ツ農学や歴史学派経済学の影響が1890（明治23）年代半ばの農学校
で強くなり、次第に中小農経営と米作に重点を置く農学へと学風が転
換していった。

　明治34（1901）年、北海道会法によって議会が設置され、北海道は
一つの自治体となり国の直轄から独立することになった。それに伴っ
て北海道帝国大学設立建議案が帝国議会で可決されたが、政府は消極
的であった。明治39（1906）年、日露戦争の終結に伴って札幌農学校
を農科大学に昇格させ、新設予定の理工科大学と大学予科を併せて北
海道帝国大学とする案が文部省に出されたが、同時期に帝国大学の設
置を要望していた東北選出の政治家の反対で実現しなかった。その結
果、札幌と仙台の分科大学を併せて北海道帝国大学とする折衷案とな
り、札幌農学校は明治40（1907）年東北帝国大学農科大学校と改称さ
れた。東北帝国大学は仙台に本部建物がなかったことから、札幌の農
科大学のみで運営されることになり、札幌農学校の1期生だった佐藤
昌介が東北帝国大学の初代総長とした職務を代行した。

　明治40（1907）年頃の札幌区の人口は約6万6,000千人、そして北
海道の人口は132万2,400人くらいであったが、札幌には農科大学附
属の林学科が大学予科として設置され、明治43（1910）年には講座制
となり、大学レベルの学科となった。林学科としては東京帝国大学に
続き2番目であった。そこには、農学者を目指して札幌農学校に進学
し、洗礼を受けた後の小説家である有島武郎が英語教師として赴任し

た。明治44（1911）年には、東北帝国大学に理科大学が設置され、北海道では農学と商学（明治43〈1910〉年には大学レベルの小樽高等商業学校設立）の高等教育が受けられることになった。さらに翌明治45（1912）年には仙台医学専門学校、仙台工業高等学校がそれぞれ東北帝国大学専門部となった。こうして明治44（1911）年には九州帝国大学が設置され、大正元（1912）年には東北帝国大学の開学式が挙行された。北海道帝国大学の設立は少し遅れて大正7（1918）年となった。この年は大学令が公布された年で、当時の札幌区の人口は9万3,000人余、そして北海道の人口は204万8,600人にもなっていた。こうして札幌農学校に始まった北海道帝国大学農科大学は農学部と改組され、医学部、工学部（大正13〈1924〉年）、理学部（昭和5〈1930〉年）を設置し、北海道の高等教育を担う総合大学となった。

工部大学校の教育方式

工部大学校の創設と系譜

　工部省はイギリス人鉄道技師エドモンド・モレルの建議によって明治3（1870）年10月に創置された。当時、モレルはイギリスの支配下にあったインドにおいて Department of Public Works（工部省）[18] を設置し、技術者養成のための技術カレッジ（Royal Engineering College）を企画中であったことも彼の頭にあったのであろうと思われる。明治維新期のわが国の殖産興業、工業化推進を図るための政府中央官庁としての工部省の主要任務は、鉄道、造船、電信、製鉄、鉱山などの官営事業を管轄することによって、わが国の近代国家としての社会インフラ整備を行うことであった。工部省を作るに当たっては新政府に強い影響力を持つ木戸孝允、伊藤博文、大隈重信、井上馨らが

第9章　幕末・明治維新期の教育方式　　207

積極的に活動した。こうして工部省はわが国の工業化政策の拠点となったが、イギリスは工部省に対して技術や資金、人材などを全面的に供与して積極的な支援を行った。工部省においては新たな工学系人材を育成するための各種の試みがなされる中、政府の強力な関与によって、工部大学校をはじめとして工科系各種専門学校が作られた。そして鉄道、通信、鉱山、港湾など工部省の諸部門に多くのイギリス人が雇われた。

　当時の鉱業、技術系の人材育成という点で最も大きな貢献をしたのは工部大学校である。明治4（1871）年に設立された工部省工学寮は明治6（1873）年に開学し、当初は工部学校、工学校と呼ばれていたが、明治10（1877）年に工部大学校と改称された。工部省の技術官僚であった山尾庸三の主張に基づいて設立された工学寮は、工部省の中で工学の技術教育を実施し、殖産興業の実際の担い手になり得る人材を育成し、工学を発展させるための技術教育を行う高等教育機関であった。工部省工学寮は明治6（1873）年にイギリス人教師の来日を待って開学となった。山尾庸三が初代の工学寮長官である工学寮頭に就任したが、工部省工学寮では明治8（1875）年からは大鳥圭介が2代目工学寮頭となった。明治10（1877）年には工学寮は工作局の管轄下になるが、工作局は官営工場と工部大学校を中心とする工業教育機関の2部門を有していた。

　初代工学寮長官となった山尾庸三は文久3（1863）年に幕府の禁を破って、伊藤博文、井上馨、遠藤謹助、井上勝らと共にイギリスに密航を企てた、いわゆる長州五傑の一人であることからも、西欧文明を自らの目で確かめようとする進取の精神に富んだ、血気盛んな若者であったことが分かる。山尾らの渡欧の目的は、当初は、海防、近代技術に遅れをとっていた長州の技術レベルを高める狙いがあったようであるが、長い鎖国時代を経た日本が、西欧の文化・文明の粋を摂取し

ようというものであった。山尾はロンドン、そしてスコットランドの
グラスゴーで 5 年間、近代科学と技術の習得に励んだ。特にグラス
ゴーでは造船所の職工となり、機械工業の技術を習得すると同時に、
同地のアンダーソン・カレッジの夜間学級にも出席して、熱心に勉強
したようである。彼ら 5 名の若者の渡欧は当時としては違法であった
ものの、彼らの密出国については長州藩主がイギリスのジャーディ
ン・マセソン商会の商船による渡航費用、イギリス滞在費用を払うこ
とを同商会に約束して実現したようである。いずれにしても彼ら 5 名
が西洋の科学技術、そしてそれに基づく産業振興にかなり強い知的願
望を抱き、そのために全力を尽くしたことは事実であるし、また中で
も山尾と井上は最後まで欧州に残り、実務を経験し、学んだことに
よってその後の日本の発展に大きく寄与、貢献したといっても過言で
はないであろう。

　明治元（1868）年に帰国した山尾は新政府の下で、彼のイギリスで
の経験を基に工業人材を養成するための学校として工学寮の設立を提
唱した。明治 5（1872）年岩倉具視欧米使節団の副使として赴いた伊
藤博文がイギリスのグラスゴー大学を中心に工学寮の教師の採用を依
頼することになった。こうして都検（教頭、実質的な校長）には、グ
ラスゴー大学土木工学科のランキン教授によって彼の弟子ヘンリー・
ダイアーが推薦された。ヘンリー・ダイアーが英国へ帰国後に著した
著書（邦訳）[19] のまえがきの中で、北政巳（創価大学教授）は、ダイ
アーを「わが国近代科学技術教育の父」あるいは「わが国近代工業技
術の父」であるとして、以下のように述べている。"一般的には、ヘン
リー・ダイアーの名前はまったくと言っていいほど知られていない。
札幌農学校で教鞭をとったウィリアム・クラークの評価と比較すると、
さらに不思議に思われる。最大の理由は、ダイアーの主張する政治イ
デオロギーの急進性を警戒した明治政府が、彼の著書『工業進化論』[20]

を発禁書として、わが国の歴史からの抹殺を図ったからにほかならないが、その一方で、近代日本を欧米世界に紹介するダイアーの仕事は、当時の日本政府にとって大変に貴重なものであった。それゆえ、彼の国際社会での日本のスポークスマンとしての役割を評価して、明治35（1902）年には東京帝国大学から「名誉教師」の称号が授けられると同時に、外務省からは「帝国財政及工業通信員」に任命されている。このような19世紀末から20世紀初頭の歴史的転換期にあって、当時の世界が最も注目をしつつあった極東の世界で、鎖国から開国、封建主義から近代国家への転換を成し遂げ、何よりも近代工業技術を習得してアジアの一大強国に成長した日本を、主観・客観両面から観察できたダイアーの新聞・雑誌への寄稿は多くの海外識者から歓迎された。またこれは、日本の政府指導者から見ても歓迎されることであった。"

　学術世界への復帰の道を閉ざされたダイアーが、自ら愛情と情熱を注いだ工部大学校の教え子たちからの最新の日本情報をもとに執筆したその著書の中で、日本の急速な成長を評価しながらも、他方では日本の将来を憂慮し、カント（I. Kant）の『恒久平和論』の3点——民主主義勢力の台頭による国際関係の改善、知識の拡大と社会科学研究の進展による真理探究、これらを通じての世界平和の実現——を挙げながら、日本の先導的役割を期待した。しかしその後の歴史の展開は、私たちの知るところである。日本の国民倫理は軍国主義一辺倒になり、第一次世界大戦ではイギリスと友好国の関係を保ったものの、第二次世界大戦では敵対国として戦うことになる。ダイアーは、その悲劇を見ることなく大正7（1918）年に没したことが、せめてもの救いであったと思われる。

　ダイアーが「わが国近代工業技術の父」と呼ばれるにふさわしいとして、北政巳は『大日本　東洋のイギリス—国民進化の一研究』[21]の中で次のように述べている。"ダイアーの功績について、彼を後継して

210

工部大学校の第二代都検となったダイヴァーズ（E. Diverse, 1837-1912）は「日本人の養成に何らかの貢献をしたと主張するエンジニアの数は多いし、また中には、かなりの貢献をした人もいるけれども、真実と公正を持って言えることは、日本がその組織立てられた精巧な工業教育制度を持つに至ったほとんど唯一というべき恩人は、現在グラスゴー・西部スコットランド技術カレッジの理事の一人であるヘンリー・ダイアー博士である」と称えている。”

　ヘンリー・ダイアーは19世紀当時のスコットランドのエンジニア達の間で流行していた「社会進化論」の信奉者であったと言われている。ダイアーはイギリスへ帰国後に最初の著書『工業進化論』を著わす。この著書は英国内の学者、研究者からも評価されることなく、一種の社会改革を目指す社会主義的な本であると見做され、日本でも翻訳書は発禁処分となった。彼が技術者教育のために準備した、エンジニアは技術の習得のみに限ることなく、社会的要請にも応えなければならないという思想は受け入れられなかった。しかしながら、のちに明治35（1902）年になって、ダイアーの思想と考えは再認識、再評価され、東京帝国大学から名誉教師の称号を与えられ、外務省からも帝国財政及び工業通信員に任命されることになった。

　このようにダイアーについては、わが国においても時代、時期によって、そしてまた評価の主体、対象によって評価が分かれた。それだけに彼の貢献、業績、そして影響力については、かなりのもの、そしてインパクトがあったと言えよう。いずれにしても言えることは、江戸鎖国時代を経た、そしてまたマルコ・ポーロの『東方見聞録』によって“黄金の国”として紹介された日本の明治維新期において、欧米諸国が非西欧、非キリスト教国家社会の発展に深い興味と関心を持ち、注目していたこと、そしてまた、東洋の小島であるわが国が当時唯一の工業化に成功した国として、ダイアーのいくつかの著作によっ

て国際的にも大きく広く知らしめたことは事実であった。それはその後のわが国の発展にとって大いに役立ち、また必要なものであったとも言えるであろう。

　グラスゴー大学の重鎮で絶対温度（ケルビン）を提案したことで知られるケルビン卿の同意も得て、多くの有能かつ熱心な教師達が選抜された。ケルビンはグラスゴー大学の教授であったが、のちに同学長となった人物で、工部大学校へのイギリス人教授派遣の中心的役割を果たし、日本からの留学生の受け入れ等にも尽力、貢献したことによって日本の勲一等旭日章を受章（明治34〈1901〉年）している。このようにして、化学の教授でダイアーの帰国後、工部大学校の都検を務め、帰国後に英国化学工業協会会長となったダイバース、電信、理学の教授で日本の電信事業の企画、施設の指導を行ったエアトン、理学、数学の教授で、のちにカナダのクイーンズ大学名誉教授となったマーシャルら8名の教師陣が決定された。外国人教師達はその後もケルビン卿の助手で、帰国後にエアトンと共にロンドンの技術カレッジの創設に貢献した土木工学のペリー、造家〈建築〉学のコンドル、来日後、地震に遭遇して以来、地震の研究に従事し、日本地震学会を設立するなど尽力した、世界的にも著名な地震学者で鉱山学者のミルンなどの錚々たる教授達が参加し、明治18（1885）年までに累計49名となった。工部大学校が英語名として英国式の表現である The Imperial College of Engineering[22] と名乗っていたのは、工部大学校の教師がほとんど"お雇い外国人教師"としての英国人であったことによるものである。しかも工部省の官僚として中心的役割を果たしていた長州出身の山尾庸三、伊藤博文らが幕末に英国への留学体験を有していたことと密接な関連を持っていたことは前述の通りである。

　明治18（1885）年に工部省が廃止され、農商務省となるのに伴って工部大学校は文部省管轄下になった。翌明治19（1886）年に帝国大学

が発足し、工部大学校と東京大学工芸学部は合併して帝国大学工科大学となった。東京大学工芸学部は、徳川幕府の洋学機関としての開成学校（明治元〈1868〉年）を前身とし、明治2（1869）年設立の大学南校、南校（明治4〈1871〉年）、東京開成学校（明治7〈1874〉年）を経て東京大学理学部（明治10〈1877〉年）、そして東京大学工芸学部（明治18〈1885〉年）となった文部省直轄機関としての系譜に基づく。工部大学校が実務的、実践的な実地経験教育を重視したのに対して、東京大学工芸学部は理論的、体系的な学術理論を重視する教育を行っていたという点が特徴的である。東京大学工学部の源流がこのような2つの流れを有していたということは、東京大学工学部がその後の理学、工学に関する基礎学問研究の面、そしてまた実務的応用の面でも大きな影響と貢献とをもたらしたことにつながっていると言えるであろう。東京大学理学部においては、欧米先進国への留学準備を行う教育機関的色彩も濃く、工学系科目よりも理科的基礎教育から専門教育への充実化、専門化が図られ、理論面中心の教育が行われ、総合的な工学教育としての体系化ということについては重視されていなかったと言える。

工部大学校の教育方式

　工部大学校の教育カリキュラムの作成に当たっては初代教頭として弱冠25歳で赴任したヘンリー・ダイアーの考え方が大きく寄与したことは注目すべきことである。ダイアーが来日したのは明治3（1870）年であるが、当時のヨーロッパにおける工業技術者教育の源になったのは、畜産、鉱山、航海、土木といった分野別の学校であった。しかしながらフランスには革命議会によってエコール・ポリテクニクが設置されていたこともあって、公共事業部門で働く技術者に総合的かつ専門的な知識を教育する技術教育機関を目指しており、それがドイツ、

スイスなどのヨーロッパ近隣諸国に大きな影響を与えていた。このようなポリテクニク・スクールの教育方針は19世紀半ばにはイギリスにも伝わることになった。スコットランドの著名な技術者ラッセル（J.S. Russel）による著書『イギリス国民のための組織的技術教育』[23] をはじめ、多くの刊行物として読まれたようである。これらの情報についてダイアーはすべて熟知しており、それが工部大学校における教育方式を決めるのにも大きく影響したと思われる。

　ヘンリー・ダイアーは自らの理想とするエンジニア像として、イギリス型実務重視教育とフランス、ドイツを中心とする大陸型理論重視教育をミックスしたサンドイッチ方式の教育を提唱し、このような考え方に基づいたカリキュラムによる技術教育、工学教育を描いていた。彼は工部大学校における教育を一つの教育実験、社会実験と見做していた。このような彼のエンジニア理想像に基づいた教育の成果として、彼の著書『大日本　東洋のイギリス―国民進化の一研究』[24] の中で最初に、"近代日本の建設に大きな貢献をした工部大学校出身の教え子たちに本書を捧げる"と述べた上で、当時の日本の歴史、教育、軍事、外交、行政、インフラ、産業、文化のすべてについて詳細に紹介している。

　ヘンリー・ダイアーは独自の"エンジニア思想"を持っていた。彼は「エンジニアは真の革命家である。」と述べ、また「エンジニアは社会発展の原動力であり、新たな専門職である。」とも述べている。"真の革命家"の表現には筆者も少し驚いたが、もちろん社会を政治的、暴力的に変革するという意味ではない。ダイアーは工部大学校を通して、エンジニアは技術的知識の習得に限ることなく、自然科学、社会科学、人文科学を含めた一般教養教育に基づく知識を身につけることが必要であるという考え方を基本としている。このような考え方に基づいた工学教育を受けることによってエンジニアは社会変革のリー

ダーたり得るということを意図したものではないかと筆者は考える。

工部大学校キャンパスは、政府の全面協力もあって校舎は端麗、各種実験室や工作室、図書館、技術博物館などは最新設備を有し、全体が整備され、充実したものであった。カリキュラムの中の予科学では基礎科学、図学、英語などが主体となっており、専門学では土木学、機械学（のちに機械工学）、電信学（のちに電気工学）、造家学（のちに建築学）、実地化学（実用化学から、のちに応用化学）、鉱山学（のちに採鉱学）の6つの専門学科が設けられ、造船学科がのちに加えられた。[25]工学系専門領域がこれだけ細分化されたのは、イギリスにおいてはもちろん、当時としては世界にも先例のないものであった。三好の『異文化接触と日本の教育3　ダイアーの日本』[26]には、"極東日本における教育実験―エンジニア教育の新機軸"として1章が設けられ、ダイアーは何をモデルとして教育計画を立てたか、工部大学校の教育実験はなぜ成功したか、工部大学校の情報はどのような形でイギリスへ伝えられたか、について詳細に記述されている。工部大学校の最後の2年間の実地学においては、大部分の時間を工部省各部局の作業現場で実習をさせ、それに基づいて卒業論文を作成し、最終試験を受けるという教育が行われていた。成績の評価も厳しかったようである。卒業に際しては、試験の結果によって第1等及第にのみ工学士が授与され、第2等及第は後の試験をもって学士を与えられ、第3等及第は学士ではなく得業生とされた。のちの昭和17（1942）年に設置された東京大学第二工学部[27]における教育方式の基礎が工部大学校方式と類似した側面も多くあり、興味深いところである。

工部大学校における極めて機能的な教育体制を作ったのは、前述のように英国人リーダーのヘンリー・ダイアーに依るところが大であるが、彼にとっては欧米各国における技術教育の現状と経緯を調査し、比較検討した上で得た結論であった。ヘンリー・ダイアーは、工部寮

第9章　幕末・明治維新期の教育方式　　215

の教育の大枠は日本側から聞かされていたとしても、彼の著書[28] の中で次のようにも述べている。"私は以前、世界の様々な国の科学と工学の主だった学習方法について詳しく調査し、またいくつかの有力な教育機関の組織を研究してみる機会があった。それはイギリスの技術者教育を前進させるために私自ら真剣に取り組んでみたいと考えてのことである。その結果、この問題についてはどういうことが望ましく、またどんなことが可能かについて私はかなり明確な構想をまとめることができた。それにしても、私のそうした研究成果を実地に試してみる場所がはるか極東の日本という国になろうとは全く思いがけないことであった。何しろ当時の日本と言えば、外国人には未知の国も同然であったのである。それが今や日本はただ技術者教育の面ばかりでなく、平和と戦争に関わる技量にかけても世界の先頭に立っているのだから、まさに感無量の思いがする。"

　ダイアーの技術者教育の基本理念とも言うべきものは、エンジニアは学力、実践力、教養という３つの要因を備えている必要があることから、技術者教育における教育課程と教育方法はそれに従って実施されなければならないということであった。すなわちエンジニアは往々にして陥りがちな偏狭な考え方や行動は避けるべきで、そのためには専門的職業教育に加えて非専門的職業教育、すなわち専門的知識に加えて、直接には役に立たないとされる文学、哲学、芸術などの人文・社会科学的知識も必要であるという考え方がダイアーの根本になっていた。このことは文理融合の必要性が叫ばれる現代にも十分に通じるものである。ダイアーについては、三好の著書[29] の中で、彼がイギリスから日本へ向かう２か月の間、船上では、東京に設立される技術カレッジの講義内容や授業時間割りなどをまとめたカリキュラム「講義題目一覧表」（学科並びに諸規則）の草案作りに没頭する毎日であったこと、そしてその甲斐あって、彼が日本に到着するとすぐ、工部省

の工部大輔宛に書き上がったばかりの「講義題目一覧表」を提出し、それが何の修正も加えられることなく日本政府に採用され、「工学寮入学式並学科略則」として工部省から発表されたと述べられている。さらに三好は、ダイアーにとっても、工部大輔の山尾庸三とは当時はお互いに知らなかったが、共にグラスゴーのアンダーソン・カレッジで学んだ仲だったことが分かったのはうれしい驚きで幸運だったと述べている。山尾は意気投合して、可能な限りダイアーを支え協力したようである。その結果、ダイアーはのちに、工部大学校が成功を収めたのは山尾の努力に負うところが非常に大きいと感謝している。このように、工部大学校については、山尾とダイアーの2人の努力と協力があって実現し、そして当時の技術者教育において国際的にも成功を収めたと言えるであろう。

[注]

1　藤井哲博『長崎海軍伝習所－十九世紀東西文化の接点』中公新書、1991
2　麟太郎は通称、海舟は号。少年期から剣術、禅、蘭学を学び、後に赤坂田町に私塾「氷塊塾」を開く。長崎海軍伝習所に入所し、万延元（1860）年には咸臨丸で渡米し、帰国後に軍艦奉行並となり神戸海軍操練所を開設する。戊辰戦争時には幕府軍の軍事総裁となり、早期停戦と江戸城無血開城を主張し実現する。明治維新後は参議、海軍卿、枢密顧問官を歴任し、伯爵に叙せられた。
3　カッティンディケ、水田信利訳『長崎海軍伝習所の日々』平凡社、1964
4　藤井、前掲書、p.128
5　小倉金之助『近代日本の数学』講談社学術文庫、1979、p.128
6　藤井、前掲書、p.173
7　小倉金之助「日本科学技術への反省」、『自然』中央公論社、1955、pp.143-145
8　藤井、前掲書
9　同書
10　長崎海軍伝習所で機関学を学び、咸臨丸機関長として小野友五郎と共に操船指揮をとった。
11　大山達雄、前田正史編著『東京大学第二工学部の光芒－現代高等教育への示唆』東京大学出版会、2014
12　藤井、前掲書
13　米国マサチューセッツ農科大学第3代校長、札幌農学校初代教頭として植物学、自

然科学全般を教え、そしてキリスト教について講じた。クラーク博士は開拓使長官の黒田清隆（後に内閣総理大臣となる）に対して、「この学校に校則はいらない。"Be gentleman" の一言があれば充分である」と述べたとも言われている。

14 水村美苗『日本語が亡びるとき―英語の世紀の中で―』筑摩書房、2008

15 日本における西洋式技術教育の確立と日英関係の構築、発展に貢献した。帰国後も『大日本―東洋のイギリス―国家発展の研究』（明治37〈1904〉年）と『世界政治の中の日本』（1909年）という2冊の本格的な日本研究書を刊行した。

16 斎藤兆史『英語達人列伝―あっぱれ、日本人の英語―』中公新書、2022

17 斎藤兆史『英語達人列伝II―かくも気高き、日本人の英語―』中公新書、2023

18 三好信浩『異文化接触と日本の教育3　ダイアーの日本』福村出版、1989、p.31

19 ヘンリー・ダイアー、平野勇夫訳『大日本　東洋のイギリス―国民進化の一研究』実業之日本社、1999（Dai Nippon, the Britain of the East, a Study in National Evolution, London, Blackie & Son, 1904）

20 "The Evolution of the Industry", London, Macmillan, 1895. 邦訳『工業進化論』は坪谷善四郎訳、博文館、1896

21 ヘンリー・ダイアー、平野訳、前掲書、p.8

22 英国のImperial Collegeは、当時の自然科学を中心とするいくつかの大学（College）や教育機関（Institution）を統合する形で1907年に設立された。19世紀以来、主要な教育機関としての役割を果たしてきた3つの教育機関であるRoyal School of Mines, Royal College of Science, City and Guilds College が統合対象の中心であった。

23 イギリスと大陸諸国における技術教育を比較した上で、教育に関する課題と方法についての提言がなされた。なおまた本書は菊池大麓によって『職業教育論』として翻訳書が文部省から出版された。

24 ヘンリー・ダイアー、平野訳、前掲書

25 百年史編集委員会『東京大学百年史』部局史三、東京大学、1987、pp.6-7

26 三好、前掲書

27 大山、前田編著、前掲書、pp.6-7

28 ヘンリー・ダイアー、平野訳、前掲書

29 三好、前掲書、p.84

第 10 章

現代高等教育への示唆

◇

　前章で長崎海軍伝習所、札幌農学校、工部大学校などを例に、そこでは現代の高等教育とはかなり異なる教育を行っていたことを紹介した。これらの当時の高等教育機関が現代のわれわれが直面する高等教育の諸課題の解決にも役立つところがあるのではないかということを述べた。高等教育に限らず、現代のわが国の教育は画一的で一律一様であると言われる。わが国の大学は人口減少、進学率の上昇、大学数の増加、といった状況の中で大学生の質の低下、一部の私立大学の経営悪化、長年の国立大学への運営交付金の減少による研究資金の減少、それによってもたらされる研究力の低下、といった深刻な問題を抱え、解決を迫られている。このような状況の中でわが国がどのような高等教育政策を採用すべきかは容易に解決できる問題ではない。本章ではこのような問題意識をもとに何らかの解決策を探る端緒を得ることを目指している。

工部大学校と東京大学工学部

　蕃書調所は当時の西欧の進んだ科学技術研究をわが国に導入し、その基礎を築いたと言える。蕃書調所はのちに開成所となり、そして東京大学となったことを思えば、まさに東京大学の前身とも言える。蕃書調所では学生はまず語学の学習からスタートしたが、本来の科学研究を西洋人士官から教授されるまでに至るのは相当な苦労があったと思われる。小倉は「日本科学技術への反省」[1]の中で長崎海軍伝習所の果たした役割を評して、最後に以下のように結論付けている。"長崎海軍伝習所の開設は、ただ蕃書調所や諸藩における洋学の研究を促したばかりではなかった。いまや西洋の科学・技術に関する、特に時局向きの翻訳書が、続々と刊行されて来た。その上に他方では、直接間接、伝習所の開設に関連して、工作機械が輸入され、製鉄所や造船所などが興されるにいたった。このようにして長崎海軍伝習所の開設は、幕末日本の科学・技術の上に、何物にもまさる大きな刺激と影響とを与えた。元来、近代技術とその基礎としての近代科学は、ヨーロッパでは市民社会の成長と共に進展したものであったが、後進国としての日本では、幕末において何よりもまず軍事技術として移植されはじめたのである。そして明治維新後になっても、日本の科学・技術は近代的・民主的市民社会の建設のための科学技術ではなく、それどころか、むしろ正反対な封建的・絶対主義的帝国主義のための科学技術として成長発達を遂げ、ついに太平洋戦争の悲劇を見るにいたったのである。思えば、100年前における長崎海軍伝習所の開設こそは、その後の日本の科学・技術にとって、まことに象徴的であった。私は今日日本の危機に当たって、この事実を特に回顧し、強調して、読者大衆諸君への反省のことばを結びたい。"

長崎海軍伝習所の創立100年に当たって、同組織の果たした役割とその後に及ぼした影響を振り返ると同時に、その後のわが国の行く末を案じた点は卓見であると言えるであろう。一方、このような観点から推察されることとして、このような見方、考え方がその後のわが国において科学技術が近代市民社会に普及する礎石となったとも言えるのではなかろうか。

　工部大学校の卒業生達のそれぞれの分野における活躍は目覚しいものであった。タカジアスターゼを創製した高峰譲吉、東京駅を設計した辰野金吾、琵琶湖疏水事業を進めた田辺朔郎などをはじめとして、わが国の学問、実業の発展に大きく寄与した人々の名前を数え挙げれば切りがない。工部大学校の卒業生は総計わずか211名であるが、そこでの教育が大きな成果を挙げたことは事実である。まさに実務的技術教育を重視した教育を受けた卒業生達が明治日本の殖産興業の中心となり、その後のわが国産業界の発展を支えたと言える。この点については、戦前戦後のわずか7年間という短期間だけ存在した第二工学部の場合と多くの共通するものがあり、興味深い。工部大学校の卒業生の中でも特に1期生の成績優秀者はイギリス、主にグラスゴーへの留学が認められた。彼らの成績の傑出ぶりは際立っていた。工部大学校（のちに帝国大学）教授として電気工学等を教えた志田林三郎は、グラスゴー大学のケルビン卿が"私が教えた最高の学生"と折り紙をつけたほどであった。帰国後、工部大学校の教授となった高山直質、日本の鉄道会社の経営にも携わり、"鉄道の父"とも呼ばれた南清などもグラスゴー大学でいくつもの賞をとるなど際立って優秀であった。高峰譲吉は同じくグラスゴーのアンダーソン・カレッジ、そして辰野金吾はロンドン大学への留学生であった。他の多くの留学生も含めて、帰国すると彼らは工部省で採用されることが多く、工部大学校等の教職にも就き、外国人教師と代替していった。外国人教師の中には日本

に残留した者もいたが、帰国後、イギリスに帰って学界等で大活躍した者も多かった。日本での工業教育の成功に裏付けられて逆に、母国の工業教育をめぐる制度の改革を積極的に訴えるようになった。特にヘンリー・ダイアーは熱心に働きかけ、グラスゴーの地元で技術カレッジの設立へと結実させている。

工部大学校の教育実験が成功したことについては、そこでの教育方式が大きく影響しているが、『異文化接触と日本の教育3　ダイアーの日本』[2]で三好は、ヨーロッパ大陸のポリテクニク・スクールと異なる、ダイアー独自による基本理念として、その要因を3つにまとめている。1) 学科編成を当時としては珍しく細分化、具体化して7学科編成とした。2) 6年以上の教育課程のうち、最初の4年間は学理と実習を半年ずつ行い、最後の2年間は完全に実践活動とすることによって理論と実践の交代制とした。3) 学内の施設、設備を学生が利用しやすいように整備し、完全なエンジニア教育を行った。これらの特性が優秀な卒業生を輩出する大きな要因となったことは間違いない。前述のように、工部大学校における教育成果の評価もかなり厳しかったため、卒業生総数211名のうちで工学士の学位を授与されたのはわずか61名であったと言われている。

工部省管轄の工部大学校と文部省管轄の東京開成学校とが対照的であることは前述の通りである。その後の経緯を眺めてみよう。工部大学校は元来、伊藤博文、井上馨、山尾庸三等の長州藩出身者によって形作られたものであったのに対して、文部省は薩摩藩出身者が主流で、工部大学校の工学教育への対抗意識も強く、明治8（1875）年に"制作学教場"を設立するなど語学中心ながら優等生の海外留学を進めてはいた。また、文部省としては教育の一元管理を主張しており、工部省廃止が両校統合への大きな契機になったのであろう。[3]その背景には、当時の日本の政界での伊藤博文によって日本がドイツ式の立憲君主制

を採用することに決定して以来、次第に教育の流れも変わり、当初の
イギリス流モデルからドイツ流モデルへのシフトが進行していったこ
とがある。それに伴って、イギリス式教育カリキュラムも改編され、
工部大学校のダイアーをはじめイギリス人教師の貢献や経歴が、不思
議と思えるほどわが国の歴史上で評価されなくなった、という指摘も
ある。[4] ダイアーはイギリスへ帰国する前の明治12（1879）年頃にイギ
リスの土木技術者協会（Institution of Civil Engineers, ICE）[5] に「土
木・機械エンジニアの教育」と題する提言を内容とする論文を送って
いる。しかしながら、それに対してICEは、i）この論文はICEが定
例集会で報告、議論される内容を扱っていないこと、ii）ICEは教育団
体ではないこと、iii）ICEは会則の規定を超えることはできないこと
などを理由としてこの提言を拒否した。それ以後ダイアーはICEに反
論しつつも接触を断つことになった。ダイアー方式が国際的にも新た
なエンジニア教育方法として国際的にも評価される一方で、このよう
にイギリスで受け入れられなかったことは不運としか言いようがない
であろう。

　工部大学校は工学系教育機関の成功例として国際的な注目を集め、
欧米の科学技術のジャーナリズムでもしばしば取り上げられた。[6] しか
しながら、設置母体である工部省が衰退すると共に、実習、実地訓練
の現場である工場や工事現場が急速に縮小され、その存続が危ぶまれ
ることになった。そして明治18（1885）年、文部省に移管された後、
同年12月の東京大学工芸学部と合体後、わずか3か月で明治19
（1886）年3月に帝国大学工科大学として発足するに至った。東京大学
工芸学部は東京大学理学部の学科の中の機械工学、土木工学、採鉱冶
金学、応用化学の諸学科を分割して新設した学部であるが、工部大学
校との合併の受け皿として作られたとも言われている。帝国大学工科
大学は発足当時、古市公威学長（実質的には学部長）を含めて11名の

第10章　現代高等教育への示唆　　225

教授陣から構成されていたが、うち3名は工部大学校出身者であった。また助教授は7名いたが、うち6名は工部大学校出身者であった。[7] そして明治26（1893）年の講座制移行時には教授は8名いたが、うち5名は工部大学校出身者であった。帝国大学工科大学は明治30（1897）年に東京帝国大学と改称され、工科大学は大正8（1919）年に工学部と改称され、東京帝国大学工学部誕生となった。工部大学校の廃止に際しては、校内に大きな反対運動があった。学生は大集会を開き、文部大臣森有礼への建議をすることを決めた。総代として菅原恒覧が起草文を書き、その中で、"工部大学校は、創立以来二百有余名の卒業者を送り日本の工業界全般に大きく寄与しており、この実績は諸外国からも賞賛されている。それを改廃すればわが国工業にとって大損失である。工部大学校の教育方針は、理論と実際を兼ね備え、実業が主でもあるが、理学をも重視している。それに対して、東京大学の理学部は専ら学術の真理を追究することにあり、それも重要である。この二つの組織と精神が両立してこそ理学の研究と工業の盛大が達成される。"との趣旨を淡々とつづっている。[8] このような考え方は、奇しくも、東京大学第二工学部の廃止の際にも主張された、二工の教育基本理念とも言うべき、瀬藤象二教授の"工学と工業の連携"[9] に通じることでもあり、工学教育の原点に関わるものを含んでいると言えよう。

　明治30（1897）年に東京と京都に帝国大学が創立されて以降、東北、九州、北海道、大阪、名古屋と全国に次々と帝国大学が創立され、昭和17（1942）年の名古屋帝国大学を最後に合計7つの帝国大学が誕生した。同年、エンジニア、理工系学生に対する需要増に伴って東京帝国大学には第一工学部と第二工学部が設置された。第二工学部は昭和17（1942）年に創設されて以来、昭和23（1948）年に入学した学生が昭和26（1951）年に卒業し、閉学となるまでの9年間のみの存在で、卒業生は総勢2562名であった。

226

しかしながら、第二工学部の卒業生には産業界、学界、官界で活躍し、それぞれの分野で立派な業績を残し、大きな貢献をした人々が数多く傑出している。第二工学部の学生生活、教育方式、卒業生の活躍等については『東京大学第二工学部の光芒 - 現代高等教育への示唆』[10]を参照されたい。

わが国の高等教育政策の課題

教育政策が公共政策の重要な一つとして位置づけられている中で、高等教育政策は高等教育機関に関する政策として、学校教育としての初等中等教育、生涯学習政策と共にわが国の将来を担う人材をどのように育てていくかという重要な課題を抱える政策分野であると言える。高等教育政策は人材育成的側面に加えて、わが国の学術研究、科学技術のレベルを国際的最高水準まで高めることを目的とする学術政策、科学技術政策とも密接な関係を有するものである。昭和38（1963）年の中教審答申（いわゆる三八答申）では高等教育機関を（1）大学院、（2）大学、（3）短期大学、（4）専修学校及び各種学校、（5）芸術大学の5種類に分類している。戦後日本の高等教育政策は政府レベルの政策提言としては、中央教育審議会（中教審、1961, 1971）、臨時教育審議会（臨教審、1984-1987）、大学審議会（大学審、1987-1999）に頼ってきたという意味ではもっぱら審議会方式が基盤になっていると言えよう。大学審は、高等教育の高度化、個性化、活性化をキーワードに、平成13（2001）年に中央教育審議会に統合・再編されるまでの間に28の答申・報告を取りまとめている。その意味では近年における高等教育改革、特に大学改革の中核としての役割を果たしたのは大学審であると言える。

昭和 30（1955）年から令和元（2019）年にかけてのわが国の高等教育機関である大学、短大、専門学校への進学者数と大学数の推移を見ると、大学への進学者数は昭和 30（1955）年から平成 10（1998）年にかけては年率 3.8% 程度で増加してきたのが、その後はほぼ一定となり、年間約 60〜63 万人程度となっている。また短大への進学者数は平成 3（1991）から平成 4（1992）年の年間約 25 万人をピークに、その後は減少傾向をたどり、平成 24（2012）年以降は年間約 6 万人という状況である。これらの状況に対して、高等学校卒業者数は平成 3（1991）年に約 180 万人とピークを迎えたのが、その後は年 2.5% 程度の減少を続け、平成 20（2008）年以降は約 105 万人となっている。このことが大学、短大への進学率が平成 2（1989）年から平成 17（2005）年にかけて 38% から 58% へと上昇し、その後は令和元（2019）年にかけてほぼ 58% 程度に留まっていることにつながっていると言える。一方、大学数は昭和 35（1960）年には 245 校にすぎなかったのが、特に私立大学、そして公立大学数が増加の一途をたどり、平成 12（2000）年、令和 2（2020）年にはそれぞれ 649 校、795 校となり、全期間を通じて年率 2.4% 程度で増加し続け、この間に約 3.24 倍にも増加している。このような状況が昨今の定員割れ大学の増加をもたらしていると言えよう。一方では、専門学校への進学者数が昭和 52（1977）年の創設以来増加の一途をたどり、平成 4（1991）年には年間 36 万人となり、その後は微減傾向を示し、令和元（2019）年には 28 万人となっている。昭和 30（1955）年には 10% にすぎなかった大学進学率は昭和 43（1968）年に 20% を超え、その後、一時期を除き、ほぼ一貫して急速に上昇し、昭和 50（1975）年には 40% 近くに達している。それ以降は 30% 台後半で推移したが、平成 2（1989）年から再び上昇傾向をたどり、平成 11（1999）年以降、わが国の大学進学率は現在までほぼ 50 数 % を保っている。昭和 50（1975）年以降高等教育機関への進学率と大学、短大

への進学率との間で乖離が見られ、現在まで拡大傾向にあるが、これは各種専門学校、専修学校への進学率の増加によるものである。平成2（1989）年以降に就職率が急激に低下し、高等教育機関への進学率と就職率を加えた割合がほぼ一定となっていること、そして大学進学率が昭和50（1975）年から平成2（1989）年にかけて、そしてまた平成11（1999）年以降とほぼ一定であることから、これまで高等学校を卒業後に就職していた学生の多くが各種専門学校、専修学校へ進学し、さらには就職しながら大学院に進学している学生（いわゆる社会人学生）がかなりいることも分かる。18歳人口が減少しているという昨今の状況の中で大学進学率が上昇し、各種専門学校を加えた高等教育機関への進学率もさらに上昇しているということは、いわゆる高等教育の大衆化が進行したことに加え、さらに多様化が進行していることの表れと言ってよいであろう。

　一方、大学進学者の中でさらに大学院への進学者が増加しているということも最近の顕著な特徴である。昭和35（1960）年には4％に満たなかった大学院進学率が年々上昇を続け、平成11（1999）年には12％と45年間で3倍に達している。大学院整備を対象とする高等教育行政は、これまでの大学審答申において「最低水準を確保しつつ量的整備を図る」（平成2〈1990〉年）から、「大学院の教育研究の質的向上を図る」（平成8〈1996〉年）、そして「競争的環境の中で多様な発展を促す」（平成10〈1998〉年）へとその軸足を移してきたと言える。大学院においても大衆化、多様化が進行する中、今後、わが国の大学院の教育水準、研究水準をいかにして高めつつ国際的最高水準に持って行くか、そしてそのために高等教育政策としてはどのような方向付けをすべきかは現代のわれわれが考えなければならない重要な課題である。

　わが国の高等教育政策を考えるに際しては、上述のような大学・短

第10章　現代高等教育への示唆　　229

大への進学者層の増加と多様化、そしてまた大学院進学率の上昇を踏まえた上で議論する必要があろう。すなわち、大学・短大への進学率が60％近くある中で、大学院（大部分は博士前期〈修士〉課程）への進学者が増加し、多様化すると共に、昨今の大学院教育のレベルの低下が大学人の間で頻繁に話題となっている。学部レベルでも同様の問題は以前から言われていたが、特に大学院のレベルをいかにして高めるかは解決が迫られている重要かつ深刻な課題である。筆者はわが国の高等教育政策については、以下の2つが喫緊の対策課題であると考えている。

　①大学・短大への入学定員を削減し、進学率は現在の60％近くからほぼ半減させる。

　②大学・大学院の卒業要件を明確にして、"出口"を厳しくする。

　上記①は大学院の学生数の削減にもつながるはずである。人口減少が今後も予想される中で現在の入学定員を維持することは大学数がすでに増えた現在は進学率を維持すれば必然的に質の低下を招くことになる。上記①は大学審の言う「大学院の教育研究の質的向上を図る」効果をもたらすはずである。上記②は、"入り口"が厳しく、"出口"が容易なわが国の高等教育の"伝統"を欧米の標準スタイルあるいは米国のメジャーな大学の方式に変える方向を目指すものである。

　OECD主要国における教育への公共支出の比率[11]を見ると、令和元（2019）年の日本の国内総生産（GDP）に占める初等、中等、高等教育全体への公共と民間の支出は4.0％であって、OECD加盟国平均値4.9％よりもかなり低い。特に、その中でも高等教育への支出は約40％弱を占めており、OECD各国が支出する割合よりも低く、ヨーロッパ諸国とほぼ同水準である。この傾向は過去10年にわたってほぼ同様である。高等教育への民間支出分は67％で公共支出分より高いのがわが国の特徴である。ちなみに高等教育の支出のGDP割合が高いのは米

国と韓国であって、これらの国においては特に私費負担割合がそれぞれほぼ65%、80%と高いのが特徴である。またヨーロッパOECD諸国の中ではフランスとドイツは教育に配分される公共支出が高い。日本の一般政府総支出に占める初等、中等、高等教育への公財政支出の割合は7.8%で、OECD平均の10.6%を大きく下回っている。最近のわが国の傾向として、初等・中等教育の教育への割合は減少し、高等教育への支出は入学者数が増加した結果、増加している。高等教育の入学者のうち約80%は私立の高等教育機関に在籍している。わが国の教育関連予算が初等・中等教育へ過剰に集中しているため、日本の高等教育への公共的支出の割合が41.2%とOECD各国平均75.7%、EU各国の平均84.0%と比較してかなり低い。OECD諸国のうちで、日本は高いGDPを有することを考えると、わが国の高等教育への公的教育資金支出は不十分であると言わざるを得ない。たとえば平成15（2003）年では、日本の高等教育への公財政支出はGDP比0.4%である、英国は0.8%、米国は1.2%、ドイツは1.0%である。平成15（2003）年には約12.9%の学生が高等教育に入学し、大部分は4年制大学である。高等教育への支出の割合のさらなる急激な増加が必要とされる。

大学評価と評価結果のフィードバック

　高等教育政策に関して積極的な教育改革の提案がなされたのは昭和59（1984）年から昭和62（1987）年にかけての臨教審においてである。臨教審提言が画期的であったということは、大学改革の遂行に関しては大学審（昭和62〈1987〉－平成11〈1999〉年）に委ねるとし、それに基づいた大学審答申がその後の大学改革につながったことからも認められる。わが国の高等教育政策としての大学改革に関する提案の中

で、平成3（1991）年の大学審答申「大学教育の改善」において初めて自己評価という表現が用いられた。すなわち、大学院制度の弾力化という中でカリキュラム構成を大学の自主性に任せるといった教育に関する自主性の導入と同時に、自己評価と情報公開といった形で大学に対して自己責任をとらせるというものである。学部課程、大学院の両者において自己点検、評価を実施するという評価システムの導入は画期的なものである。大学院の構造を柔軟にすることによって大学の多様化が進む中でいかにして教育の質を維持するかといった方向に沿ったものである。このような方向性が平成10（1998）年の大学審答申「21世紀の大学像と今後の改革方策について」に引き継がれることになる。この大学審答申においては、多元的評価システムの確立、評価に基づく資源配分、規制緩和に対するアカウンタビリティーに基づく評価の必要性といった点が強調されているものの、ここで強調されているような評価システムが確立されているとは言えないのが現状である。このように大学評価は自己点検、評価から第三者評価に強調点が移行し、またアカウンタビリティー、そして資源配分へのフィードバックといった方向性が目指されてきている。さらにはすべての大学を競争的環境の中に置いた上で各大学がそれぞれの個性を発揮すべきであるとされている。多元的評価システムの概念をより明確にし、その具体像を明らかにした上で、それに基づく評価結果をどのような形で公表すればアカウンタビリティーを高め、社会的容認を得るのに貢献し得るかを詳細に検討し、大学関係者、高等教育政策担当者、そして社会にとっても（社会的にも）合意形成が得られるかを真剣に検討すべき時期に来ていると言える。

わが国の高等教育の中心的役割を担っている大学の形態、運営に関しては、平成11（1999）年の中教審の答申で、新世紀の大学像として、「競争的な環境の中で個性輝く大学」という提言がなされ、同年4月、

有馬朗人文部大臣の時に、国立大学を法人化することが閣議決定された。平成15（2003）年8月には国立大学法人法が成立し、同年10月に施行、そしてこれまでの国立大学は平成16（2004）年4月からは「国立大学法人」として運営されることになった。国立大学法人の創設によって国立大学は非公務員型組織の法人格を持ち、会計上の規制も緩和されたため、国立大学法人はそれぞれ特色を出して、良質の教育、研究をする上でのさまざまな創意工夫ができるようになった。

　国立大学法人の特徴としてまず挙げられることは、重点的な予算配分が可能になり、これまでの単年度会計方式から複数年度にまたがった予算活用も可能になり、より弾力的な運営ができるようになったことである。大学は管理運営に当たって中長期的視点を持つべく、6年間を対象とした中期目標、中期計画といった、各大学の個性や特色を踏まえた教育研究の基本理念や長期ビジョンを自ら策定しなければならない。また中期目標の策定に当たっても、各大学の原案を公表すると共に、それらの実施進捗状況については学内外からの客観的評価を受けなければならない。

　わが国の高等教育政策を評価すること、特に大学評価をどのように実施し、それをどのようにして各大学への運営交付金配分、科研費を中心とする研究助成金配分等の政策策定にフィードバックすべきかは、容易ではないものの解決すべき非常に重要な課題である。大学評価の目的としては、(1) 教育研究の改善（evaluation）、(2) 質の保証（accreditation）、(3) 説明責任（accountability）の3つが考えられる。まず (1) は、大学を評価し、その結果をそれぞれの大学の教育研究活動等の改善に役立てようということである。(2) は、大学を評価基準に基づいて定期的に評価することによって、大学の教育研究活動等の質を保証することである。(3) は、大学の教育研究活動等の状況を社会に公開することによって、大学が公共的な機関として設置・運営さ

れていることについて、広く国民に対する説明責任を果たそうという
ことである。わが国における大学評価は、自己評価と認証評価という
大きく2種類からなる。自己評価は、各大学が教育研究活動、組織運
営、施設設備状況等について自ら点検及び評価を行い、その結果を公
表するものである。一方、認証評価とは、各大学が自己評価に加えて、
当該大学の教育研究等の総合的な状況について、7年以内ごとに、認
証評価機関による評価を受けるものである。

　わが国の国立大学法人の中期目標の期間における業務の実績の評価
に際しては、教育研究の状況についての評価の実施を認証評価機構で
ある独立行政法人大学評価・学位授与機構に要請し、当該評価の結果
を尊重することが国立大学法人法に定められている（同法第34条第2
項）。したがって国立大学法人評価は、教育研究活動の中期目標等に
対する業績評価の性格を持つことになり、評価を通じて大学の個性の
伸長や教育研究水準の向上に資すると共に、公共的機関としての大学
の社会に対する説明責任を果たすことが期待されることになる。そこ
で実際の大学評価に当たっては、各年度終了時に中期計画の実施進捗
度の把握と評価が国立大学法人評価委員会によって行われ、中期目標
期間の業績評価の参考とされることになっている。中期目標の期間に
おける業務の実績の評価プロセスに従って、大学の業務運営の改善・
効率化、財務内容の改善、自己点検・評価、情報提供、その他業務運
営については、国立大学法人評価委員会において行うとされている。
教育研究評価の実施に際しては、基本構成として大きく教育活動の現
況分析、研究活動の現況分析、中期目標の達成状況評価の3部分から
なる。評価は、記述式により総合的な評価である全体評価と項目別評
価の2つからなり、評価者は各学部、研究科等の各分析項目の観点ご
との状況について、それぞれの目的に照らして、それぞれの機関が想
定する関係者の期待に応えているか否かという視点から分析し、3段

階評価——（i）期待される水準を上回る、（ii）その水準にある、（iii）下回る——で判定し、その理由、特記事項を記述する。項目別評価では、国立大学の実績報告書などを基に、①業務運営の改善・効率化、②財務内容の改善、③自己点検・評価、情報提供、④その他業務運営の４項目について、「特筆すべき進行状況にある」「計画通り進んでいる」「おおむね計画通り進んでいる」「やや遅れている」「重大な改善事項がある」の５段階で評価される。各大学は評価プロセスに従って膨大な労力と時間を費やして、膨大な評価報告書を作成することになる。もう少し効率的、効果的にできないものかというのが筆者の正直な実感である。つまり現在の項目別評価ではすべての分析項目ごとに評価される側は膨大な説明資料を作成することが要求されるため、かなりの手間と労力と時間とを費やさねばならない。このことがいわゆる"評価疲れ"を招いていると言える。わが国のすべての大学を一律の分析対象項目に対して評価するのではなく、大学によってその規模、特性、ミッションに応じてグループ分けした上でより簡潔に行う方法の方がより効率的と思える。教育と研究を主要な任務とする大学が煩雑な事務資料作成にかなりの労力と時間を費やすことは決して望ましいことではないはずである。

　個人、グループ、大学等の組織体による研究成果を評価した上でそれをフィードバックして研究助成金配分に利用するというのも評価の重要な役割である。年間 2,500 億円に及ぶわが国の最大の研究助成金制度である科研費（科学研究費補助金）の審査、配分に当たっても研究評価は利用されている。科研費は人文・社会科学から自然科学とすべての学問分野の研究者が自らの自由な発想に基づいて基礎から応用まで広範な学術研究を実施するのを助成するという、重要かつ貴重な競争的研究助成金制度である。それぞれの学問分野によって研究成果の評価基準は異なるため、それらを同一基準で比較することは難しく、

さらにそれをどのようにして各個人、グループ、大学等の組織体に配分するかは容易に合意の得られる問題ではない。学問分野ごとの研究活動評価は一つの重要な未解決の研究課題である。

科研費に関しても、大学人は科研に当たった、外れたという表現が日常会話に頻繁に現れるほどであることからも、筆者としては、科研費審査はもっと注意深く議論、検討がなされていいのではないかと考えている。具体的には、現在の科研費審査についての印象と感想提言として以下の3つを挙げたい。

①実現可能性の重視：研究計画に対する実現可能性を重要視すべきである。

②実績評価の厳格化：研究実績評価をより厳格に行う必要がある。

③評価人材の養成：研究評価ができる人材を養成する必要がある。

上記①については、現在のわが国の科研費審査制度の評定基準には(1) 研究課題の学術的重要性・妥当性、(2) 研究計画・方法の妥当性、(3) 研究課題の独創性および革新性、(4) 研究課題の波及効果および普遍性、(5) 研究遂行能力および研究環境の適切性などの5項目が掲げられ、4段階の評点を付けられ、総合評点の点数に考慮されるが、科研を申請する大部分の大学人は評定基準の (1)、(2)、(3)、(4) の書き方ということで多くの工夫と努力をしている。前述の、わが国の"伝統"である入り口が厳しいということに合わせるためである。筆者は上記評定基準では (5) が最重要と考えている。筆者が米国のコーネル大学で経験したのは、指導教授が博士課程の学生の授業料、TA (Teaching assistant)、RA (Research assistant) の経費を得るためにNSF (National Science Foundation) に Research proposal を提出するに当たっては、これまでの自身の研究成果をかなり丁寧に作っていたこと、研究計画は半分とまではいかなくても30％くらいはすでにできている研究計画を申請すると聞いたことが印象に残っている。上記

②については、現在は確か A4 用紙 1、2 枚程度の簡単な成果報告書であるが、これは再度、審査の対象とすべき資料であることからもより詳細に記載されるべき、そして再度の審査対象とすべきと考える。つまり、入り口よりは出口を厳しくすべきである。そうすることによってそれぞれの学問分野の進歩と発展がより効率的、効果的に図られるはずであるというのが筆者の考え方である。さらにはそれは新たなイノベーションにつながると信ずる。上記③については、わが国においては未だ研究成果の評価を専門にできる人材が育っていないので、それを緊急に要請すべきであるということである。大学人以外の審査員として産業界、実業界等の人材を入れるということも試みてはいるようであるが、筆者としては、最低限研究の中身がある程度分かる人間、そして自らも研究の経験と実績のある専門人材であるべきと考える。

将来の望ましい大学評価と高等教育政策

　高等教育政策に関する政策評価と大学評価については、望ましい評価とはどのようなものかを明らかにする必要があろう。ここでは以下の 2 つの項目を挙げることにする。

　①インプットよりはアウトプットで評価すべきである。

　②プロセスよりはアウトカムで評価すべきである。

　上記①については、日本の大学は入るのは非常に難しく、卒業は容易であるのに対して、欧米の主要な大学は逆、すなわち良い大学と言われている大学ほど卒業するのは難しいと言われる。入学定員に対する入学者数、あるいは充足率とも言うべき定足数に対する在籍者数のみで大学を評価するとなると、一定のレベルあるいは質を保持するために入り口を厳しくことすら危うくなるのである。本書で紹介した長

第 10 章　現代高等教育への示唆　　237

崎海軍伝習所、工部大学校、あるいは札幌農学校における教育のように学生がかなりハードに勉強をしない限り、教育の結果を正当に示さない限りは進級できないというように学生の評価を厳しくすることもできなくなるのである。少なくとも、それぞれの大学あるいは大学院が入学者に対して厳しい教育、研究指導を行った上で、卒業生、修了生の質の保証を維持しつつ、毎年どれだけ卒業生を出しているか、学位を出しているかをチェックすべきであろう。

　上記②については、重要なことは学生が何人在籍しているか、彼らがスムーズに進級しているかといった途中のプロセスではなく、卒業した学生、あるいは学位を授与された学生が企業への就職、大学院進学を含めて、その後どうなっているかといった教育の成果、すなわちアウトカムを詳細に見るべきであるということである。それぞれの大学あるいは大学院を卒業した学生が、産業界、官界、学界といった世界でどのように活躍しているかを見ることが重要である。長崎海軍伝習所、工部大学校、あるいは札幌農学校における教育成果に見られるように教育成果が現れるには時間がかかるが、産業界、学界、官界のそれぞれの分野において社会に貢献する人材育成を実現することが高等教育の大きな、しかも重要な目的のはずである。教育の入り口あるいは途中のプロセスのみを重視すると、本来の目的であるはずの能力のある学生に対して良い教育を施すことによって、"卒業後に各界で活躍できるような人材を育成する"ということを忘れてしまうことになるのである。

　筆者は、評価とは本来、多面的、多角的、動態的であることが必要であることから、究極的には多元的でなければならないと考える。すなわち、評価に際しては、ある一面のみを捉えるのでなく、多くの側面から、しかもいろいろな角度から対象をチェックする必要があり、さらには一時点のみを見るのではなく、定期的に繰り返し、多くの時

点で見た上でダイナミックに捉えるべきであると考える。このことからも評価方法自体一つの方法に限定することなく、いろいろな方法が考えられるはずである。したがって評価は本来、ある特定部分のみを評価するというのでなく、全体を総合的に評価するという総合評価でなければならないということである。大学の活動を大きく教育、研究、運営という3つの側面から眺める場合でも、各大学が定めるそれぞれの側面における本来の目的と照らし合わせた上で、どのような側面をどのように把握するか（マクロに捉える巨視的か、ミクロに捉える微視的か）を考慮した上で何を、どのような角度からどのように（定量的と定性的、絶対的と相対的）捉えるかを慎重に考慮、検討することが必要である。現在わが国の大学評価として行われているように、大学をすべて統一的に同一基準で評価する必要はないはずである。大学審の提言にある「競争的環境の中で多様な発展を促す」は重要な目標である。しかしながら多様な発展を図るには競争をすればいいという訳ではないはずである。すなわち、競争というのは同様の規模、目的、ミッションを有する大学の間で行うべきであると考える。そうすることによって初めて競争の効果が表れるのである。換言すれば、単に一律的に競争をするということであれば、たとえば規模の大きな大学が勝つのは明らかである。わが国の大学でいくつかの同様の規模を有し、目的、ミッションを共有する大学の間で行われるべきであると考える。そのことが同じグループに属する大学がお互いに競いつつ切磋琢磨することによって、結果的には全体の質の向上に貢献するはずである。

　評価報告書の作成に当たって、各大学の関係者がどれだけ多くの時間と労力を費やしているかを考える時、このことは考慮すべき重要事項である。すべての大学を同一基準で評価するのではなく、同様の形態、目的を有する大学間には、それなりの同様の評価方式があってしかるべきである。グルーピングされた同様の形態、目的を有する大学

第10章　現代高等教育への示唆　239

間では“相対的に評価してもよい”はずである。いずれにしても完全かつ普遍的な大学評価方式があるとは思えない。時代と共に、社会状況と共に変更があってよいし、またそのような必要も生じるはずである。現在までのところ、わが国の大学評価が所期の目的を達成しているとは言えないものの、いろいろな評価の試み、試行錯誤があってよいはずである。自由で柔軟な制度、均一、一様でない多様、多面的な評価基準に基づいた評価制度、そのような制度の下で優秀かつ稀有な人材が養成され、育つのではないだろうか。

　“出口”、“評価をする”、“ランキングを付ける”ということについては、特に米国人などは相対的な評価をある意味で“楽しむ”のに対して、日本人は結果を深刻に考えすぎるという全般的な傾向があると思われる。さらにまた、ランキングを付けると、その結果がすべてであるかのように、いわゆる独り歩きするという傾向もある。つまり、評価とは、どのような評価方法に基づくものであったにせよ、完全な評価はあり得なく、やはりある種の部分的な側面を捉えたものにすぎないと考えるべきである。そしてまた絶対評価と相対評価、あるいは定量的評価と定性的評価というそれぞれ大きく2つの評価方法が考えられるが、これらのうちのどちらかが常に望ましいなどといったことはあり得ないはずである。評価の対象に応じて、状況に応じて、用い方に応じて、適宜いずれかを、あるいは場合によっては両者を組み合わせて用いるべきであろう。

　大学評価の目的はより良い大学を作っていくことである。そのためには評価結果を大学における予算配分、大学運営、人事評価といった面にどのように反映、利用するかは重要である。本来、大学評価はそのような何らかのフィードバックが行われて初めて効果を発揮するものであろう。わが国においては、評価自体がそれほど普及しているとは言えないこともあって、評価自体を評価すること、評価技術の向上、

改善を図るべく評価人材を養成することもほとんど行われていないが、これらもより良い評価システムを構築していく上で重要である。完全な評価はあり得ないとはいうものの、より良い評価を求め、改善を繰り返すことは必要なはずである。国立大学は一段と社会の評価にさらされ、より効率的な業務運営を求められている。評価結果報告の中にも、"評価などを重視しすぎるのは危険で、社会の側も多様な評価尺度を持つ必要がある"と述べられているが、まさにその通りである。いろいろな大学評価が試みられる中から、より良い、望ましい大学評価が得られていくことを期待したい。

おわりに

　本書では、業績を上げ、わが国のその後の技術、産業の発展、そして工学教育を通して人材育成に貢献した著名な人物8名を取り上げた。明治維新期には、ここで取り上げていないものの、多くの輝かしい実績を上げ、後世に大きな影響を及ぼした人物がいる。微生物研究の生物学者北里柴三郎（1853-1931）、博物学者、生物学者そして民俗学者としてもマルチな才能を発揮した南方熊楠（1867-1941）、グルタミン酸の発見者として有名な科学者で、夏目漱石とも英国で交流のあった池田菊苗（1864-1936）、タカジアスターゼの発見者として化学者、科学者、官僚、実業家、起業家としてすべてに活躍した高峰譲吉などである。明治期は混乱期と前述したが、そのことも影響したのであろうか、多くの傑出した人物がいろいろな分野で活躍した時代であったと言える。文学においても夏目漱石（1867-1916）、森鷗外（1862-1922）、樋口一葉（1872-1896）など著名な文学者達が活躍したのも明治期である。明治期というのは、混乱期であったがゆえに、そしてまた制度、

秩序などが確立していなかったがゆえに、そのような混乱の中から、能力とやる気と情熱のある人間がそれぞれ関心のある目標に向かって全力を尽くして挑戦する時代であった。気力、気概、強固な意志、明確な目標を持った人間がその目標に努力と情熱をもって向かっていき、成就、達成することを目指すことが可能であった時代であるとも言えるかもしれない。つまり一律で画一的な教育制度よりもより柔軟な自由度のある教育制度が必要であって、またそこからいろいろな能力と才能のある人間が現れると考える。

　本書で取り上げた人々は、それぞれの分野で活躍し、業績を上げ、わが国の発展に貢献した人々であることは事実であるものの、紙面の都合と筆者の能力の制約とによって、他にも多くの人々がいたはずであるという事実からは逃れられない。これらについては、筆者の今後の課題としつつ、また別の機会に譲ることにしたい。昭和期に生まれたわれわれは、このような明治期の偉人達の業績の恩恵を受けていることをもっと認識し、高く評価することが必要かもしれない。

[注]

1　小倉金之助「日本科学技術への反省」、『自然』中央公論社、1955
2　三好信浩『異文化接触と日本の教育3　ダイアーの日本』福村出版、1989
3　北政巳『御雇い外国人ヘンリー・ダイアー』文生書院、2007、pp.110-114
4　北政巳『国際日本を拓いた人々―日本とスコットランドの絆』同文館、1984、p.109, pp.154-157
5　ICE の名称は当時の英国では軍事以外の技術者の総称として用いられ、多くの工業技術系団体の中で、その先駆けをなした。小倉、前掲書、p.126 参照
6　百年史編集委員会『東京大学百年史』部局史三、東京大学、1987
7　同書、p.8
8　旧工部大学校資料編纂会編『旧工部大学校史料・同付録』青史社、1978、pp.120-126
9　大山達雄、前田正史編著「東京大学第二工学部の光芒 - 現代高等教育への示唆」東京大学出版会、2014、p.140
10　同書
11　OECD, Education at a Glance Database, 2022, http://www.oecd.org/en/

publications/education-at-a-glance-2022

あとがき

　本書では「近代日本の技術の礎を築いた人々」として8名を取り上げた。最初の山尾庸三はわが国最初の技術官僚として工学教育の基礎を作った人物である。山尾のパイオニアとしての情熱と努力がその後のわが国の技術官僚の養成、そして技術者、工学者の育成に大いに貢献したと言える。次の井上勝は山尾、伊藤博文、井上馨らと共に英国へ密航した長州五傑の一人で、わが国の鉄道事業の創始者とも言うべき人物である。山尾と共に英国留学を経験し、帰国後に技術官僚としてわが国の鉄道事業の創設と発展に貢献した井上は、まさにわが国の鉄道事業の技術の礎を築いた元祖と言えるであろう。山尾、井上らの10数年後に生まれて、当時のエリートとして最高学府の開成学校に入学し、その後パリ大学に入学し、諸芸学（Polytechnique）を学んだのが古市公威である。古市が当時諸芸学という学問分野に注目したのは、現在のわが国の高等教育において文理融合、学際的領域の重要性が叫ばれているのを目の当たりにする時、まさに古市には先見の明があったと言えるであろう。

　明治維新期の優秀な若者の教育、そして傑出した人材育成という点で大きな役割と貢献をしたと言えるのが札幌農学校である。新渡戸稲造、内村鑑三などをはじめ多くの著名な学者を出したことはよく知られているが、そのような中で札幌農学校で土木工学を学び、卒業した後工部省に入り土木技術者としてのキャリアをスタートさせるが、米国留学を経て、母校の教授となるのが広井勇である。広井は教育者であると同時に実務家としても港湾整備の分野で多くの業績を上げたと

244

いう点では稀有な人材である。多くの優秀な人材を育て、研究者、実務家の人材育成を成就したと言える。土木技術者としては琵琶湖疏水工事を完成させ、日本で初めての水力発電所を建設した田辺朔郎がいる。田辺は工部大学校で土木工学を学び、卒業研究として琵琶湖疏水工事を研究対象とした。田辺は北海道の鉄道建設においても大きな業績を残した実務家であるが、北海道開発に情熱を注いだ後に京都大学工学部教授も務めている。

　渡辺洪基は越前武生の藩医の息子として生まれ、本人も医者の道を志しながら開成学校の流れをくむ大学南校に入学し、医学から洋学に転向している。渡辺は戊辰戦争には幕府軍として参加もしているが、外務省に入り岩倉使節団にも参加している。帰国後は自らの国際経験を生かしてオーストリア公使なども務めるが、一方で渡辺はのちに三十六会長と呼ばれるほどに多くの役職を務め、日本統計協会、東京地学協会の設立を試み、のちに工学会副会長を経て東京帝国大学の初代総長職に就くことになった。このように渡辺はまさに官界、学界、政界のすべての重鎮として要職を務めるという稀有な人材であった。

　赤煉瓦造りの東京の建物の中でも一つのシンボルとなっている東京駅の設計者としてよく知られている建築家の辰野金吾も工部大学校で学んだ一人である。辰野は辰野建築とも呼ばれる美術建築のパイオニアとして有名であるが、工部大学校卒業後に英国に留学し、欧米を視察した経験を生かし、建築家としても銀行、保険会社、駅舎、公共施設、旅館など実に多くの建築物を設計し残している。一方で、辰野は工部大学校教授、東京大学教授も歴任し、東京大学総長まで務めている。

　本書で最後に取り上げた人物は渋沢栄一である。渋沢はテレビ大河ドラマ、そして新1万円札の新しい顔としても多くの日本人にとって最も馴染み深い人物の一人である。渋沢自身は、工学者でも技術者で

も教育者でもない人物であるが、技術あるいは工学教育というものは、それを実用化し、実社会に役立たせて初めて社会貢献として一般国民に認知されることから、どうしても取り上げておかねばならない人物と考えた。教育者の大きな目標の一つとして、それぞれの若者が、それぞれの能力と努力によって、個人の能力アップを図ると共に何らかの社会貢献ができるような人材を育てることがあるとしたら、実業家として大きな業績を残しつつ、大きな社会貢献を成し遂げた渋沢のような人物が一つの理想像としてあってよいはずである。

　本書で取り上げた8人の人物の生い立ち、そして彼らの学んだ実績を調べて筆者が感じたことは、明治維新期に彼らが学んだ環境、そして当時の制度は、現代のわれわれの高等教育に示唆するものが多々あるのではないかということであった。最後の2章は、そのような印象に基づいて書き加えたものである。彼らが受けた教育は主として工部大学校、札幌農学校などであるが、それぞれが独自の方式で独自の目標を立て、各学生がそれに従って全力を尽くして頑張ったという点では共通しているのではなかろうか。工部大学校は帝国大学工科大学などを経て現在の東京大学工学部へ、そして札幌農学校は東北帝国大学などを経て現在の北海道大学へとそれぞれの伝統を残しつつ、保ちつつ現在に至っていると言えるであろう。いずれにしても筆者は、自由で柔軟な制度の下で、均一的、一様でない多様な評価基準に基づいた制度に従って必要とされる知識、手法、理論を身につけることは、それぞれの若者がその後の各自の人生に大いに役立つはずであると考える。そしてそのような中から特に優秀な業績が得られると信ずる。

　昨今のわが国においても、IT化、DX化の遅れ、イノベーションの必要性、学問レベルの低下等々多くの議論がなされ、経済、社会、そして産業界、学問の世界においても沈滞ムード、停滞感、衰退感が漂っている状況である。将来の人材育成の必要性、重要性は当然とし

ても、そのための高等教育がどうあるべきかは、もっと議論されてし
かるべきだと考える。イノベーション、学問成果といったものは多く
の人々の自由な発想の中から生まれるもので、どれだけ評価基準を上
げたとしても、画一的、均一的な教育成果として生まれるものではな
い。重要なことは、基本的な部分をきっちりと身につけさせた上で、
あとは各自それぞれの自由な発想と柔軟な思考に任せることであると
考える。

　日本の高等教育は、特に大学入試に見られるように、入学が非常に
難しく厳しい。中国、韓国でもそのようであるが、一般にアジアの
国々は"入り口が厳しく出口が容易"である。わが国においては、明
治維新期の工部大学校、札幌農学校あるいはそれ以前の海軍伝習所な
どでもそうだったように、入り口というよりも出口を厳しくすること
が必要であり有効と考える。これらの学校ではすべて卒業する者は入
学する者の半数近くなのである。米国の主要な大学はすべて入学して
からの勉強が厳しく、ついていけない学生は途中で他の学部、大学に
転校するか退学するかという経緯をたどる。高等教育はこうあるべき
であって、そうすることによってさらに傑出した優秀な人間が現れ、
ひいてはイノベーション的成果も生まれると考える。わが国の高等教
育政策の策定においても、画一的でなく、より柔軟な中で厳しい評価
が行われ、その中から傑出した優秀な若者が生まれるはずである。そ
のことによってわが国の高等教育のレベルアップ、研究力の向上が達
成されると信じ、期待したい。

　本書の執筆に当たっては「交通と統計」誌の連載シリーズの作成も
含めて筆者の勤務する政策研究大学院大学政策研究科の大山研究室の
川久保庄子女史に多大な協力を仰いだ。著者の複雑な手書き原稿をパ
ソコンの Word で入力し、各種資料の整理に当たっても甚大な努力を
してもらった。著書作成に限らず、論文作成、データ加工処理、

あとがき　　247

Excel 作業その他を含めて、当研究室における十数年の努力、協力に対して心から感謝の意を表したい。

大山 達雄

索　引

【あ】

アーツ・アンド・クラフト運動
　　　134
アーネスト・フェノロサ　　16, 203
青山士　　70
アカウンタビリティー　　232
朝倉盛明　　16
浅田忠　　143
雨夜譚　　156, 157, 158
荒川放水路　　71
有島武郎　　206
アレクサンダー・フォン・シーボルト　　160
安政の大獄　　156

【い】

EBPM　　117
医学所　　104
医学校　　45, 104
池田屋事件　　157
石井敬吉　　138
石川栄耀　　70, 72
板垣退助　　17, 22
一千マイル　　91
伊藤純義　　24
伊東忠太　　143
伊藤博文　　14, 17, 21, 22, 24, 30,
　　　84, 105, 128, 207, 208, 212, 224
伊藤蘭林　　64
井上馨　　14, 18, 21, 24, 85, 100,
　　　128, 163, 164, 207, 208, 224

井上子爵像　　143
井上勝　　14, 18, 24, 29, 31, 35, 128,
　　　168, 200, 208
岩倉遣欧使節団　　80
岩倉使節団　　17, 105
岩倉具視　　24
岩崎弥太郎　　170

【う】

ウィリアム・クラーク　　16, 65,
　　　202, 203
ウィリアム・タフト大統領　　179
ウィリアム・バージェス　　134
ウィリアム・ホイーラー　　66
ウィリアム・ランキン　　128
ウィルソン大統領　　179
上杉慎吉　　114
上野戦争　　161
ウォーレン・ハーディング大統領
　　　179
内村鑑三　　63, 65, 70, 204
運営交付金　　233

【え】

エアトン　　19, 84, 212
エコール・サントラル　　46
エコール・ポリテクニク　　111,
　　　213
SDGs　　181
江藤新平　　17
エドモン・オーギュスト・バスティアン　　167

249

エドモンド・モレル　15, 16, 31,
　　203, 207
エドワード・モース　16, 203
NSF　236
榎本武揚　33, 57, 198
エンジニア思想　214
遠藤謹助　14, 128, 208

【お】

横断型科学　55
応用実践重視　47
OECD　230
大木喬任　17, 24
大久保利通　22, 23, 82, 105, 164
大久保一　172
大隈重信　17, 24, 31, 162, 207
大倉喜八郎　137, 175
大倉商業学校　112
大阪商法会議所　175
大鳥圭介　20, 57, 81, 208
大村益次郎　45
大村益次郎像　143
岡倉天心　205
岡崎文吉　68
緒方洪庵　100
岡山学校　189
小倉金之助　33, 196
小栗上野介　160, 167
尾高惇忠　154, 156, 167, 168
尾高長七郎　156, 161
小野友五郎　32, 33, 191, 193, 194,
　　195, 199
小野友五郎使節団　36, 199
お雇い外国人　16, 51, 84, 203, 212

【か】

海軍伝習所　33, 190
開成学校　44, 45, 48, 104
開成所　104
科学技術　204, 227
科学技術政策　118, 227
学際領域　55
学士会館　174
学習院　112
学術研究　227, 235
学術振興策　103
学術政策　227
学制　19, 189
学農社　199
学理理論重視　47
科研費　233, 235
葛西萬司　139
片岡安　139
片山東熊　130, 143
勝海舟　17, 160
カッティンディケ　193
合本主義　166, 170, 181
勝麟太郎　191, 193, 194
加藤弘之　45, 112, 114
金子堅太郎　106, 205
嘉納治五郎　182
株式会社制度　162
貨幣制度調査会　119
狩勝峠　90, 91
神田孝平　45
カント　210
関門海底トンネル　72
咸臨丸　194, 197

【き】

議院建築　142
幾何原本　196
機関術　194
菊池大麓　49
汽車製造株式会社　39
技術官僚　17, 22, 24, 31, 47, 51,
　137
技術教育　19, 40, 208, 214, 223
技術者水平運動　73
技術者倫理　118
北垣国道　85
北里柴三郎　182
軌道条例　52
軌道法　53
木戸孝允　22, 105, 107, 207
旧制高等学校　190
教育、研究、運営　239
競争的研究助成金制度　235
京都帝国大学　205
共立学舎　199

【く】

釘宮磐　72
久保田豊　72
グラスゴー大学　19
グランゼコール　46
グランド・ツアー　135, 143
グラント夫妻　179
黒田清隆　24, 31
黒田清輝　143

【け】

蹴上発電所　87, 88
慶應義塾　101, 199

経済発展　181
ケルビン卿　19, 84, 133, 212
研究助成金配分　233, 235

【こ】

興亜会　119
航海術　30, 194
工学会　110
工学教育　19, 40, 49, 63, 74, 204,
　214
工学と工業の連携　226
工学はひとつ　50, 54, 55
工学部　22
工学寮　15, 19, 208
恒久平和論　210
工業技術者教育　213
工業教育　224
公共支出　230
工業進化論　211
工芸学部　21
工手学校　57, 112, 139, 174
高宗　179
高等学校卒業者数　228
高等教育　19, 45
高等教育政策　227, 229
工部院　16
工部省　16
工部省工学寮　19
工部少輔　110
工部大学校　20, 35, 45, 47, 55, 80,
　200, 208, 224
工部寮　15
項目別評価　234, 235
港湾工学　69, 74
港湾工学の父　64
国際関係論　103

索　引　251

国際派テクノクラート　　198
国民協会　120
国立銀行　162
国立大学法人　233
国立大学法人法　233
志道館　126
ゴシック様式　140
小島憲之　129, 138
五代友厚　160, 175
国家学　117
国家学会　112, 113
後藤象二郎　17
小林秀雄　146
駒場農学校　64, 202
コンドル　19, 212

【さ】

西郷隆盛　17
西郷従道　24
斎藤修一郎　100
斎藤祥三郎　204
The Imperial College of
　　Engineering　84, 212
坂下門外の変　156
坂本龍馬　189
佐久間象山　81, 157
佐久間信恭　65, 204
桜田門外の変　156
佐立七次郎　130
薩英戦争　160
薩長土肥　189
札幌市時計台　66
札幌農学校　63, 64, 201
佐藤尚中　100
佐藤昌介　65, 204, 206
佐藤泰然　100

佐野常民　16, 173
佐野利器　136
産官学連携　113, 115, 117
参議　24
三十六会長　112, 118
三条実美　24, 156
サンドイッチ方式　20, 48, 85,
　　129, 214
三八答申　227

【し】

志賀重昂　65, 204
資源配分　232
自己評価　232, 234
四書五経　126, 154, 188
地震学　136
持続可能な社会　181
志田林三郎　133, 223
七分積金制度　172
実際派　114
実地学　215
品川弥二郎　39, 85
品川彌二郎像　143
渋沢栄一　57, 115, 137, 153
渋沢喜作　156, 175
渋沢平九郎　161
島崎藤村　83
清水卯三郎　159, 160
ジャーディン・マセソン商会
　　209
社会インフラ　207
社会進化論　211
ジャポニズム　134, 159
順天堂　100
純理派　114
書院造　145

生涯学習政策　227

蒋介石　179

昌平学校　104

昌平坂学問所　45, 104

商法講習所　174

殖産興業　223

諸芸学　44, 55, 58

ジョサイア・コンドル　130, 134

女子英学塾　199

初等中等教育　227

ジョン・ブルック　194

進学者数　228

進学率　228

審議会方式　227

塵劫記　196

新制高等学校　190

【す】

杉浦譲　160, 163

杉亨二　108

角倉了以　85

頭本元貞　204

【せ】

青淵回顧録　176

政策評価　237

生産技術研究所　35

正統学派　114

西洋学　30

西洋数学　195

セオドア・ルーズベルト　179

尺振八　36, 199

絶対評価　240

瀬藤象二　59, 226

全国銀行協会　175

全体評価　234

専門学　215

専門学校　229

【そ】

造家学　128, 130

造家学会　112

総合評価　239

造船学　15

造船術　194

相対評価　240

副島種臣　17

曾禰達蔵　126, 127

尊王攘夷派　155

孫文　179

【た】

第一国立銀行　164, 165

大学院　229

大学改革　231

大学審　227

大学審議会　227

大学審答申　231

大学数　228

大学東校　104

大学南校　44, 45, 48, 104, 129

大学評価　233, 237

大学評価・学位授与機構　234

第三者評価　232

大政奉還　33, 82, 160, 182, 198

第二工学部　20, 35, 223

ダイバース　19, 84, 212

耐恒寮　126, 127

高岡直吉　65, 204

高橋是清　126

高橋裕　70

高峰譲吉　21, 168, 223

高村光雲　144
高山直質　133, 223
田口卯吉　38, 39, 57
武生騒動　104
武信由太郎　204
多元的評価システム　232
辰野金吾　21, 57, 125, 126, 166,
　223
辰野金吾滞欧野帳　133
辰野式建築　140, 145
田中豊　72
田辺太一　80
田辺朔郎　21, 79, 80, 223
田邊龍子　83
谷干城　119
田村喜子　90

【ち】

地租改正　164
中央教育審議会　227
中学校令　189
中期計画　233
中期目標　233
中教審　227, 232
中教審答申　227
長州五傑　14, 24, 208

【つ】

津田梅子　36, 106
津田真道　45
津田仙　36, 199
妻木頼黄　141

【て】

帝国工科大学　46
帝国大学工科大学　21, 56, 137,

225
帝国大学令　56, 110, 111, 138
帝国鉄道協会　39
定性的評価　240
定量的評価　240
適塾　100
鉄道技術　31
鉄道行政　52
鉄道国有化　38, 39
鉄道国有化法　39
鉄道事業　31, 33, 198
鉄道事業法　53
鉄道敷設法　39
寺島宗則　17, 24, 160
天皇主権説　114

【と】

土肥慶蔵　100
東海道本線　37
東京医学校　21
東京駅　140
東京開成学校　21, 48, 129
東京株式取引場　176
東京工科大学　49
東京工業大学　115
東京商工会議所　175
東京商法会議所　175
東京職工学校　115
東京大学　21, 48, 129
東京大学工学部　36, 45, 137
東京大学工芸学部　47, 48, 55
東京大学工芸学科　129
東京大学生産技術研究所　200
東京大学第二工学部　215, 226
東京地学協会　108, 112
東京帝国大学　22, 35, 111

東京帝国大学工学部　226

東京帝国大学工科大学　137

東京帝国大学第二工学部　200

東京兵学寮　82

東京養育院　172

東京湾築港計画　85

東宮御所　143

統計学　108

統計協会　108, 112

銅像台座　143

道徳経済合一説　155

東北帝国大学　206

東北帝国大学農科大学校　206

東北本線　37

渡海新編　191

徳川昭武　82, 158

徳川兵学校　82

徳川慶喜　33, 161

都検　19, 84, 209

都市計画　72

鳥羽・伏見の戦い　102, 161, 182, 199

土木学会　57

土木工学　63, 74

富岡製糸場　167

豊平橋　66

度量衡　162

屯田兵制度　205

【な】

内閣制度　25

中江兆民　106

長崎海軍伝習所　33, 191, 197

中山道ルート　32, 37

中浜（ジョン）万次郎　194

中村博愛　16

中村光夫　146

中村遼太郎　138

名教館　64

夏目漱石　205

生麦事件　160

南校　48

ナンバースクール　190

【に】

西周　45

日仏会館　179

日米修好通商条約　155, 194

日本資本主義の父　181

新渡戸稲造　59, 63, 65, 204

日本外史　154

日本銀行本店　140

日本建築学　136

日本工学会　52, 57

日本資本主義の父　178

日本赤十字社　173

日本鉄道会社　37

日本統計協会　108

日本のアルトホフ　113

日本の近代科学技術教育の父　204

日本の鉄道の父　200

認証評価　234

【ぬ】

沼津学校　82

沼津兵学校　82

【の】

野口英世　205

ノブレス・オブリージュ　116

【は】

廃藩置県　164, 189
博愛社　173
八田與一　70, 71
パナマ運河　71
早川鉄治　65, 204
原口要　37
藩校　100, 188
万国博覧会　158
蕃書調所　30, 197

【ひ】

曽禰達蔵　130
美術建築　135, 136, 141, 142
肥田浜五郎　34, 199
一橋慶喜　82, 155, 156
評価委員会　234
評価人材　236
評価疲れ　235
平岡円四郎　156
広井勇　65, 90, 204
琵琶湖疏水工事　85, 88

【ふ】

フィードバック　235, 240
複合領域　55
福沢諭吉　36, 101, 160, 199
福祉事業　181
武芸　188
武士道　204
武断政治　189
普通学　194
フランス文学　146
フリードリヒ・アルトホフ　113
古市公威　22, 43, 138

古河市兵衛　162, 165, 168
文治政治　189
文理融合　216

【へ】

米国大統領　179
ペリー　19, 84, 212
ペリー提督　155
ペレス・ライケン　192
ヘンリー・ダイアー　16, 19, 20,
　　48, 84, 128, 204, 209, 211, 213,
　　214

【ほ】

ポール・クローデル　179
ポール・ブリュナ　167
戊辰戦争　52, 57, 102, 198
北海道開発　90
北海道大学　202
北海道帝国大学　207
北海道鉄道記念塔　92
穂積八束　114
Polytechnique　44, 45, 59

【ま】

マーシャル　19, 84, 212
前島密　163
牧野富太郎　64
松井耕雪　100
松方正義　85, 119
松崎大尉像　143
松平春嶽　100
マテオ・リッチ　196
丸山真男　113
萬年会　108

【み】

三浦梅園　59
三島中州　181
三島通庸　163
水戸学　156
南方熊楠　59, 205
南清　37, 133, 223
美濃部達吉　113
三野村利助　175
三宅雪嶺　118
三宅花圃　83
宮沢俊儀　113
宮部金吾　63, 65, 204
宮本武之輔　70, 72
三好達治　146
ミルン　19, 84, 212

【め】

明倫堂　189

【も】

盲唖学校　18
森有礼　127
森有正　146

【や】

山尾庸三　13, 14, 20, 21, 128, 208,
　　212, 224
山縣有朋　24, 52, 85
山口尚芳　105
山口半六　129
山田顕義　24, 85

【ゆ】

ユークリッド　196

郵便制度の父　163
University College London　30,
　　138

【よ】

予科学　215
予算配分　233
吉田松陰　52, 189
吉野作造　113
米倉一平　175

【ら】

頼山陽　81
ラッセル　214
蘭学　188, 195
ランキン　19, 209

【り】

理財学　114
リチャード・イリー　206
リチャード・ボイル　32
立憲政友会　120
臨教審　227, 231
臨時教育審議会　227
倫理的・法制度的・社会的課題
　　（ELSI）　118

【る】

ルネサンス様式　140

【れ】

レオン・ロッシュ　159
歴史学　117
蓮舟遺稿　83

索　引　257

【ろ】

ローレンツ・フォン・シュタイン
　　　113
論語　154
論語と算盤　155, 180, 181

【わ】

わが国近代科学技術教育の父
　　　209
わが国近代工業技術の父　209
和算　195
渡瀬寅次郎　65, 204
渡辺崋山　81
渡辺洪基　57, 99, 100, 101, 109
渡辺渡　138
渡部一夫　146
和風建築　144

著者プロフィール

大山 達雄（おおやま たつお）

政策研究大学院大学名誉教授
1969年東京大学工学部計数工学科卒業
1971年同大学院工学系研究科応物部門修士課程修了
1977年米国コーネル大学大学院工学部オペレーションズ・リサーチ部門博士課程
修了、Ph. D取得
電力中央研究所経済研究所（1971-1980）、埼玉大学教養学部（1980-1986）、同大
学院政策科学研究科（1986-1997）を経て、政策研究大学院大学政策研究科教授と
して政策研究科長（2000-2014）、副学長（2003-2014）、政策研究大学院大学理事
（2009-2016）を務める
2017年より政策研究大学院大学客員教授および名誉教授
現在に至る

著書
『グラフ・ネットワーク・マトロイド（講座・数理計画法）』（共著、産業図書）
『情報処理実用シリーズ6　アルゴリズム』（丸善出版）
『最適化モデル分析』（日科技連出版社）
『パワーアップ大学数学シリーズ　パワーアップ離散数学』（共立出版）
『経営科学のニューフロンティア12　公共政策とOR』（共著、朝倉書店）
『東京大学第二工学部の光芒―現代高等教育への示唆』（共編著、東京大学出版会）
『シリーズ応用数理 第7巻　選挙・投票・公共選択の数理』（編集、共立出版）
など多数、論文多数

近代日本の技術の礎を築いた人々　現代高等教育への示唆

2025年2月15日　初版第1刷発行

著　者　大山 達雄
発行者　瓜谷 綱延
発行所　株式会社文芸社
　　　　〒160-0022　東京都新宿区新宿1-10-1
　　　　　　　　　電話　03-5369-3060（代表）
　　　　　　　　　　　　03-5369-2299（販売）

印刷所　株式会社暁印刷

© OHYAMA Tatsuo 2025 Printed in Japan
乱丁本・落丁本はお手数ですが小社販売部宛にお送りください。
送料小社負担にてお取り替えいたします。
本書の一部、あるいは全部を無断で複写・複製・転載・放映、データ配信する
ことは、法律で認められた場合を除き、著作権の侵害となります。
ISBN978-4-286-26185-0